交通运输行业高层次人才培养项目著作书系

U0175604

刘克中　辛旭日　袁志涛　吴晓烈　著

海上风电场建设通航安全监管研究

Guidance for
Navigational Safety Supervision on
Offshore Wind Farm Construction

人民交通出版社股份有限公司
北京

内 容 提 要

本书以保障海上风电场水域通航安全为目标,围绕海上风电场选址规划、施工作业和运行维护等阶段涉及的通航安全问题,系统总结了国内外海上风电场通航安全管理现状、国内现行管理模式下的通航安全保障需求;运用风险评估与决策理论,提出了海上风电场水域船舶碰撞概率计算方法,建立了海上风机对雷达电磁波干扰理论模型,提出了海上风机对雷达电磁波遮蔽范围计算方法,系统形成了海上风电场建设对通航影响评估方法及选址优化方法,并进一步提出了海上风电施工期和营运期通航安全保障体系与措施,可为海上风电场全生命周期安全监管提供技术指导。

本书可供海上风电场设计单位、施工单位、建设单位、海事管理机构、港航管理部门以及相关学者和管理人员参阅,也可作为海上风电通航安全管理、通航安全评估的参考资料。

图书在版编目(CIP)数据

海上风电场建设通航安全监管研究 / 刘克中等著
. — 北京 : 人民交通出版社股份有限公司, 2021.12
ISBN 978-7-114-16436-1

Ⅰ. ①海… Ⅱ. ①刘… Ⅲ. ①海上—风力发电—发电
厂—安全管理—研究②海上—风力发电—发电厂—影响—
通航—安全管理—研究 Ⅳ. ①TM62②U697.1

中国版本图书馆 CIP 数据核字(2020)第 049706 号

交通运输行业高层次人才培养项目著作书系
Haishang Fengdianchang Jianshe Tonghang Anquan Jianguan Yanjiu
书   名:**海上风电场建设通航安全监管研究**
著 作 者:刘克中 辛旭日 袁志涛 吴晓烈
责任编辑:潘艳霞 周 凯 闫吉维
责任校对:孙国靖 龙 雪
责任印制:张 凯
出版发行:人民交通出版社股份有限公司
地   址:(100011)北京市朝阳区安定门外外馆斜街 3 号
网   址:http://www.ccpcl.com.cn
销售电话:(010)59757973
总 经 销:人民交通出版社股份有限公司发行部
经   销:各地新华书店
印   刷:北京虎彩文化传播有限公司
开   本:787×1092 1/16
印   张:10.75
字   数:254 千
版   次:2021 年 12 月 第 1 版
印   次:2021 年 12 月 第 1 次印刷
书   号:ISBN 978-7-114-16436-1
定   价:80.00 元
(有印刷、装订质量问题的图书由本公司负责调换)

书系前言
Preface of Series

进入 21 世纪以来,党中央、国务院高度重视人才工作,提出人才资源是第一资源的战略思想,先后两次召开全国人才工作会议,围绕人才强国战略实施做出一系列重大决策部署。党的十八大着眼于全面建成小康社会的奋斗目标,提出要进一步深入实践人才强国战略,加快推动我国由人才大国迈向人才强国,将人才工作作为"全面提高党的建设科学化水平"八项任务之一。十八届三中全会强调指出,全面深化改革,需要有力的组织保证和人才支撑。要建立集聚人才体制机制,择天下英才而用之。这些都充分体现了党中央、国务院对人才工作的高度重视,为人才成长发展进一步营造出良好的政策和舆论环境,极大激发了人才干事创业的积极性。

国以才立,业以才兴。面对风云变幻的国际形势,综合国力竞争日趋激烈,我国在全面建成社会主义小康社会的历史进程中机遇和挑战并存,人才作为第一资源的特征和作用日益凸显。只有深入实施人才强国战略,确立国家人才竞争优势,充分发挥人才对国民经济和社会发展的重要支撑作用,才能在国际形势、国内条件深刻变化中赢得主动、赢得优势、赢得未来。

近年来,交通运输行业深入贯彻落实人才强交战略,围绕建设综合交通、智慧交通、绿色交通、平安交通的战略部署和中心任务,加大人才发展体制机制改革与政策创新力度,行业人才工作不断取得新进展,逐步形成了一支专业结构日趋合理、整体素质基本适应的人才队伍,为交通运输事业全面、协调、可持续发展提供了有力的人才保障与智力支持。

"交通青年科技英才"是交通运输行业优秀青年科技人才的代表群体,培养选拔"交通青年科技英才"是交通运输行业实施人才强交战略的"品牌工程"之一,1999 年至今已培养选拔 282 人。他们活跃在科研、生产、教学一线,奋发有为、锐意进取,取得了突出业绩,创造了显著效益,形成了一系列较高水平的科研成果。为加大行业高层次人才培养力度,"十二五"期间,交通运输部设立人才培养专项经费,重点资助包含"交通青年科技英才"在内的高层次人才。

人民交通出版社以服务交通运输行业改革创新、促进交通科技成果推广应用、支持交通行业高端人才发展为目的,配合人才强交战略设立"交通运输行业高层次人才培养项目著作书系"(以下简称"著作书系")。该书系面向包括"交通青年科技英才"在内的交通运输行业高层次人才,旨在为行业人才培养搭建一个学术交流、成果展示和技术积累的平台,是推动加强交通运输人才队伍建设的重要载体,在推动科技创新、技术交流、加强高层次人才培养力度等方面均将起到积极作用。凡在"交通青年科技英才培养项目"和"交通运输部新世纪十百千人才培养项目"申请中获得资助的出版项目,均可列入"著作书系"。对于虽然未列入培养项目,但同样能代表行业水平的著作,经申请、评审后,也可酌情纳入"著作书系"。

高层次人才是创新驱动的核心要素,创新驱动是推动科学发展的不懈动力。希望"著作书系"能够充分发挥服务行业、服务社会、服务国家的积极作用,助力科技创新步伐,促进行业高层次人才特别是中青年人才健康快速成长,为建设综合交通、智慧交通、绿色交通、平安交通做出不懈努力和突出贡献。

交通运输行业高层次人才培养项目
著作书系编审委员会
2014 年 3 月

作者简介
Author Introduction

刘克中,男,1976 年生,武汉理工大学二级教授、博士生导师、航运学院副院长。主要研究方向为水路交通安全保障、船舶信息感知与处理。主要学术兼职包括内河航运技术湖北省重点实验室副主任、《交通信息与安全》副主编、中国水利学会港口航道专业委员会副秘书长。

近年来,主持国家自然科学基金重点项目 1 项、国家自然科学基金面上项目 3 项、国家自然科学基金青年项目 1 项、国家重点研发计划专项课题 1 项、湖北省重大技术创新专项 1 项,其他纵向和横向科研项目 100 余项,以第一作者或通信作者在国内外高水平期刊发表学术论文 100 余篇,主编或参与教材及专著 4 部,先后获得省部级科技奖 7 项,其中中国航海学会科学技术进步奖一等奖 2 项。2014 年获中国航海学会青年科技奖,2018 年入选交通运输行业重点领域创新团队(负责人),2021 年获湖北省自然科学基金创新群体项目(负责人)。

前言
Foreword

在全球能源趋紧和节能减排双重重压之下,新的可再生能源广受青睐。风能是一种绿色可再生资源,具有清洁、开发成本低且储藏量丰富等优点。由于太阳能发电成本较高、水力发电资源较为饱和,大力发展风能已成为世界各国特别是临海国家的选择。我国海域面积广阔、海上风能资源丰富,近年来海上风电产业发展迅猛。与此同时,我国提出的"双碳"目标进一步为海上风电高质量发展指引了方向。

海上风电场通常集中布置十几台甚至几十台机组,其选址水深条件通常较好,附近水域可能存在船舶甚至大型船舶活动。海上风电场的近岸化、规模化及集群化效应也对海上交通安全等方面带来一定的影响,海上风电场的建设与船舶航行安全的矛盾日渐突显。

本书以保障海上风电场水域通航安全为目标,围绕海上风电场选址规划、施工安装和运行维护等阶段涉及的通航安全问题,采用调查研究、理论分析、案例分析等方法,系统总结了国内外海上风电场通航安全管理现状、国内现行管理模式下的通航安全保障需求,构建了基于新一代信息技术的通航安全保障体系,形成了系列研究成果。

本书共分为8章,主要包括以下内容:基于海上风电场附近船舶行为特征,建立了关键风险因素辨识模型、船舶/风机碰撞几何模型及航道安全距离仿真计算方法;提出了基于AIS数据的风电场水域航道参数辨识方法、交通流与风险因素关联辨识模型,以及海上风电水域动态风险量化方法;基于惠更斯-菲涅尔理论建立风机对雷达电磁波自由空间传播、遮挡、多径干扰等理论模型,提出了海上风机对雷达电磁波遮蔽影响的定量计算方法;构建了基于船舶碰撞概率几何计算原理的海上风电场水域船舶碰撞概率模型,提出了基于船舶AIS数据的海上风电场选址优化方法;以海上风电场全生命周期通航安全监管需求为导向,构建了海上风电场施工期和营运期成套通航安全监管与保障体系。

本书形成的系列重要研究成果已成功应用于福建、浙江、江苏、上海等多个省(区、市)海上风电项目规划、建设与运维管理中,取得了良好的经济和社会效益。本书可供海上风电场设计单位、施工单位、建设单位、海事管理机构、港航管理部门以及相关学者和管理人员参阅,也可作为海上风电通航安全管理、通航安全评估的参考材料。

　　本书在编写和出版过程中,得到了福建海事局、江苏海事局、浙江海事局等单位领导和专家的指导,在此表示诚挚感谢! 此外,感谢严新平院士、杨星教授、甘浪雄教授、张金奋副研究员等对本书出版给予指导和帮助。感谢余庆博士以及研究生王伟强、聂园园、王晶尧、刘炯炯等为本书出版付出的努力。

　　由于时间仓促且作者水平有限,书中的疏漏与不足在所难免,恳请读者批评指正。

作　者

2020 年 9 月

目　录
Contents

第1章 概 述

1.1 研究背景

风力发电作为清洁能源,具有显著的社会和环保效益。与陆地风力发电相比,海上风电具有发电量大且稳定、有效利用时数长、资源储备丰富、弃风限电率低和电网接入便利等诸多优势,是当前新能源领域中技术最成熟、最具规模开发条件和商业化发展前景的发电方式之一,已成为许多国家推进能源转型的核心内容和应对气候变化的重要途径,也是我国深入推进能源生产和消费革命、促进大气污染防治的重要手段。2020 年 9 月 22 日,习近平总书记在第七十五届联合国大会一般性辩论上郑重宣布,"中国将提高国家自主贡献力度,采取更加有力的政策和措施,二氧化碳排放力争于 2030 年前达到峰值,努力争取 2060 年前实现碳中和。"这一重要宣示为我国应对气候变化、绿色低碳发展提供了方向指引、擘画了宏伟蓝图。2016 年,国家能源局发布的《风电发展"十三五"规划》明确提出,到 2020 年,海上风电并网装机容量达到 500 万 kW 以上。

海上风电发展是不断积累经验、不断革新技术的过程。丹麦于 1991 年建成并网发电的 Vindeby 海上风电场可以算是世界上第一个海上风力发电场,拥有 11 台 450kW 风电机组。在风雨无阻地运行了 25 年之后,Vindeby 海上风电场已退出世界舞台,在整个运行期内,共发出了 2.43 亿度电。2000 年,丹麦在哥本哈根建设第一座商业化意义的海上风电场——Middlegrunden 海上风电场,该风电场装机容量为 40MW,由 20 台 2MW 的风电机组组成。英国于 2003 年建成首个大型海上风电示范工程——North Hoyle 海上风电场。2008 年之前,德国在其领海范围的堤坝和港口附近较浅水域建成 3 个海上风电机组,2010 年德国历时超过 10 年建成第一个装有 12 台 5MW 风电机组的 Alpha Ventus 海上风电场。近 30 年来,欧洲相关国家在风电规划、建设、运营及弃置过程中积累了较为丰富的技术和管理经验。

我国海上风电场建设起步相对较晚但发展非常迅速。2007 年,我国在渤海湾安装了 1 台试验样机(GW70/1500)。2009—2010 年,江苏龙源集团在江苏潮间带建设了 32.5MW 试验风电场,共安装 16 台试验样机。2010 年,我国在东海大桥两侧水域建设了 102MW 海上风电场,上海东海大桥 10 万 kW 海上风电项目是全球欧洲之外第一个海上风电并网项目,也是我国第一个国家海上风电示范项目。2014 年 8 月 22 日,国家能源局发布了《全国海上风电开发建设方案(2014—2016)》,总容量 1053 万 kW 的 44 个海上风电项目列入开发建设方案,这标志着我国海上风电开发进一步提速。截至 2019 年底,我国海上风电并网容量为 5930MW,位列全球第三位,仅次于英国与德国,在建项目中,我国以总容量 3662MW 位居全球第一。

海上风电有其自身优势,但同时海上风电相比陆上风电具有开发技术要求高、与船舶航行冲突明显、受风浪流及恶劣天气影响显著、需要专用建设或运维设备和船舶等特点。海上风电场的近岸化、规模化及集群化效应,必然对海上交通安全、海上人命安全以及海洋环境保护等方面带来影响。我国海上风电规模化建设约 10 年时间,与海上风电水域通航安全管理配套的技术、规范和制度建设较为滞后或缺乏。为做好海上风电开发建设工作,促进海上风电健康有序发展,国家能源局和国家海洋局于 2010 年 1 月 22 日联合发布了《海上风电开发建设管理暂行办法》,并于 2016 年 12 月 29 日联合发布了《海上风电开发建设管理办法》,对海上风电项目规划、授予、核准、建设用海、环境保护等方面做出了具体规定。2017 年 3 月 17 日,交通运输部部长李小鹏作出了"关于尽快建立海上风电海事安全监管体系"的批示。2017 年 12 月 25 日,交通运输部海事局出台了《关于加强海上风电场海事安全监管的指导意见》,内容包括合理建议海上风电场项目规划选址、依法监管海上风电场施工作业活动、加强海上风电场通航安全管理、推进海上风电场协调联动工作等方面。

针对我国海上风电场通航安全管理现状及海事辖区风电场选址规划、建设施工、运营发电等工作阶段通航安全监管现实需要,本书旨在梳理总结国内外海上风电建设过程中在通航安全管理方面通用或有效做法,系统分析我国海上风电项目在各建设阶段的通航安全监管需求,从技术、制度、管理等方面形成系列研究成果,为海上风电建设全生命周期的安全监管与保障提供指导。

1.2 基本术语

(1)海上风电场(Offshore Wind Farm):是通过在沿海多年平均大潮高潮线以下海域大规模建设风力发电机进行风力能源采集并转化为电能的设备。海上风电场通常由海上风力发电机组、海上输变电系统、升压站及集控中心组成,包括潮间带和潮下带滩涂风电场、近海风电场和深海风电场。

(2)风力发电机组(Wind Turbine Generator System):简称"风机"(Wind Turbine),是将风能转化为电能的装置,主要由叶片、发电机、机械部件和电气部件组成。

(3)海上风电机组基础(Foundation):是海上风力发电机组支撑结构的组成部分,能将作用在结构上的载荷传递到海床上,主要基础形式包括单桩基础(Monopile Foundation)、导管架基础(Jacket Foundation)、重力式基础(Gravity Base Foundation)、高桩承台基础(Pile Group Cap Foundation)等。

(4)海底电缆(Submarine Cable):包括集电海底电缆(Array Submarine Cable)、送出海底电缆(Export Submarine Cable),分别指海上风电场内汇集多台风力发电机组发出的电能至升压站的中压海底电缆线路以及海上升压站与大陆连接的高压海底电缆线路。

(5)海上升压站(Offshore Substation):是指邻近海上风电场建造的海上平台,用于布置主变、换流设备等电气设备和维护装备,将风电场集电线路汇集后的电能经过升压或换流设备、海缆送出,是风电场的现场控制中心,也可用作现场后勤保障平台。

(6)船舶交通管理系统(Vessel Traffic Services,VTS):是指为保障船舶交通安全、提高交通效率、保护水域环境,由海事主管机关设置的对船舶实施交通管理并提供信息服务的系统,它是海事机构实施水上交通秩序管理的重要手段。

(7)船舶自动识别系统(Automatic Identification System,AIS):是指一种应用于船—岸、船—船之间的海事安全与通信的助航系统,该系统能自动进行船—船、船—岸间船位、航速、航向、船名、呼号等重要信息的交换。

（8）船舶交通流（Vessel Traffic Flow，VTF）：是指一定区域内船舶流量的总和。通常来说，定量描述船舶交通流的参数主要包括船舶交通流方向、船舶流量、船舶类型、船舶吨位、船舶尺度、交通流分布宽度、交通流密度及速度等。

（9）海上风电运维船（Offshore Wind Farm Maintenance Ship）：是指具有独立风电场运维能力的特种船舶，船上配有风电运维及配件加工设备、安装相应起吊、作业设备，能够承载风电运维人员并独立进行运维工作。

（10）海上风电运维交通船（Offshore Wind Farm Maintenance Ship Traffic Boat）：是指承担风电场运维作业人员运输，并配有专业的登离风机平台设备的船舶。

1.3　研究方法

1.3.1　AIS 数据分析方法

1.3.1.1　AIS 数据概述

AIS 数据由船载 AIS 设备发射，基于 SOTDMA/CSTDMA 协议由甚高频（VHF）信道传输至岸基 AIS 站台。标准 AIS 数据由 27 类报文类型组成，包括位置报告、静态数据报告、基站信息报告、国际协调时间（UTC 时间）报告、通信状态报告以及广播等。表 1-1 中给出了 AIS 报文类型以及所用数据样本中各类型报文数量的比例。

AIS 报文类型及数量比例（%）　　　　　　　　　　表 1-1

报文名称	位置报告 1	位置报告 2	位置报告 3	基站报告
数量比例	64.79	0.05	8.38	4.95
报文名称	船舶静态和航行相关数据	寻址二进制消息	二进制确认	二进制广播消息
数量比例	3.90	0.41	0.49	1.33
报文名称	标准的 SAR 航空器位置报告	UTC 日期询问	UTC 日期响应	寻址安全相关消息
数量比例	2.83	<0.01	0.12	<0.01
报文名称	安全相关确认	安全相关广播消息	询问	指配模式命令
数量比例	<0.01	<0.01	0.04	0.04
报文名称	GNSS 广播二进制消息	标准的 B 类设备位置报告	扩展的 B 类设备位置报告	数据链路管理消息
数量比例	0.18	7.47	0.83	1.55
报文名称	助航设备报告	信道管理	群组指配命令	静态数据报告
数量比例	0.95	<0.01	0.05	2.25
报文名称	单时隙二进制消息	多时隙二进制消息	大量程 AIS 广播信息	其他异常或测试数据
数量比例	<0.01	<0.01	<0.01	22.20

AIS 报文标准格式为:! ABVDM, a, b, c, d, e, f*h。其中,a 为发送本信息所需报文总数;b 为本报文的报文序数;c 为连续报文的识别;d 为信道信息;e 为封装信息,它是本报文的核心信息;f 为没有具体含义的填充字符;h 为校验部分。通常如果报文被基站接收的时间确定,时间戳将被追加到报文前端。

(1)位置报告。

主要包括位置报告 1、位置报告 2、位置报告 3、标准的 B 类设备位置报告和扩展的 B 类设备位置报告。位置报告的不同字段对应船舶各动态信息,具体见表 1-2 ~ 表 1-4。经纬度信息基于 WGS84 坐标系统,经度和纬度都以 1/10000min 为单位,表示为二进制补码,负值分别代表西经和南纬;MMSI(Marine Mobile Service Identify)是水上移动业务标识码,可作为船舶唯一标识;COG (Course Over Ground)是对地航向,单位是 $1/10°$;SOG (Speed Over Ground)是对地航速,单位是 1/10kn;导航状态用于报告当前船舶的通行状态,表 1-5 具体说明了该字段含义。

位置报告 1、位置报告 2 和位置报告 3 字段说明　　　　　表 1-2

字段	消息 ID	转发指示符	MMSI	导航状态	ROTAIS	SOG	位置准确度	经度
bit 数	6	2	30	4	8	10	1	28°

字段	纬度	COG	实际航向	时戳	特定操纵指示符	备用	RAIM 标志	通信状态
bit 数	27°	12	9	6	2	3	1	19

标准 B 类设备位置报告字段说明　　　　　表 1-3

字段	消息 ID	转发指示符	MMSI	备用	SOG	位置准确度	经度
bit 数	6	2	30	8	10	1	28°

字段	纬度	COG	实际航向	时戳	备用	B 类设备标志	B 类显示器标志
bit 数	27°	12	9	6	2	1	1

字段	B 类 DSC 标志	B 类带宽标志	B 类消息 22 标志	模式标志	RAIM 标志	通信状态选择器标志	通信状态
bit 数	1	1	1	1	1	1	19

扩展 B 类设备位置报告字段说明　　　　　表 1-4

字段	消息 ID	转发指示符	MMSI	备用	SOG	位置准确度	经度
bit 数	6	2	30	8	10	1	28°

字段	纬度	COG	实际航向	时戳	备用	名称	船舶或货物类型
bit 数	27°	12	9	6	4	120	8

字段	船舶尺寸/参考位置	电子定位装置的类型	RAIM 标志	DTE	指配模式标志	备用	
bit 数	30	4	1	1	1	4	

导航状态字段含义 表1-5

字段值	0	1	2	3	4
说明	发动机使用中	锚泊	未操纵	有限适航行	受船舶吃水限制
字段值	5	6	7	8	
说明	系泊	搁浅	从事捕捞	航行中	

（2）静态数据报告。

涉及船舶静态数据的报文是静态数据报告和航行及静态相关数据报告,两报文字段的具体解释分别见表1-6和表1-7。

静态数据报告字段说明 表1-6

字段	消息 ID	转发指示符	MMSI	部分编号	船舶和货物类型	供应商 ID
bit 数	6	2	30	2	8	42
字段	呼号	船舶尺寸	备用			
bit 数	42	30	6			

航行及静态相关数据报告字段说明 表1-7

字段	消息 ID	转发指示符	MMSI	版本指示符	IMO 编号	呼号
bit 数	6	2	30	2	30	42
字段	名称	船舶和货物类型	船舶尺寸	定位装置类型	ETA	最大静态吃水
bit 数	120	8	30	4	20	8
字段	目的地	DTE	备用			
bit 数	120	1	1			

1.3.1.2 AIS 数据解析

（1）报文解析流程。

AIS 报文是若干字符组成的暗码,例如 ABVDM, 2, 1, 3, B, 53V3Pd02B = 8i = H8sV204p4pLDj1`DpU@ R2222216J0bAJ67R0UVR3mDj0C′0, 0 * 0。使用暗码可以降低整个系统的数据量,但会增加船舶信息的获取难度,因此,将报文解析为明码至关重要。

报文解析的基本过程见图1-1。报文时间戳为暗码前10位,其数值为起始时间至报文被岸基站台接受时刻的时长（s）,其中起始时间为 1970-01-01 00:00:00。AIS 报文解析的对象为根据 AIS 报文标准格式截取的核心封装信息。首先,根据表1-8将封装信息按字符逐一转换为二进制码得到二进制流;截取二进制流的前6位数据并转换为十进制得到报文 ID,根据报文 ID 判断报文类型;依据报文类型,切割二进制数据流,获取每个字段对应的二进制码并将其转换至十进制的字段值;依据国际电信联盟无线电通信部门发表的《ITU-RM. 1371-4建议书》中各字段解释和说明构建处理函数,使用处理函数将字段值转换为明码,最后校验各明码的合理性。

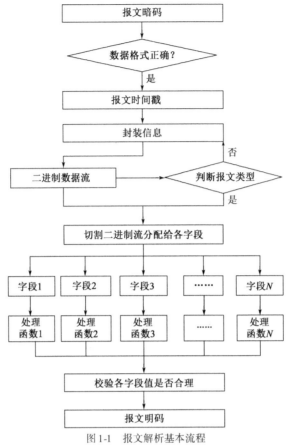

图 1-1 报文解析基本流程

字符转六位二进制码 表 1-8

字符转二进制码伪代码
Input：character ch
（1）outSix = ch + 0x28；
（2）if outSix > 0x80
（3）outSix + = 0x20；
（4）else
（5）outSix + = 0x28；
（6）outSix = outSix≪2；
Output：six bits binary code outSix；

（2）解析程序模式设计。

在设计解析程序时，采用了"生产—消费模式"，该模式可以合理分配线程，提高 AIS 报文解析的效率，缩短解析时间。

图 1-2 所示为基本解析模式流程，DataReaeder 从原始数据中读取若干条 RawData，RawData是对 AIS 数据的抽象而创建的类，其核心是使用哈希表记录 AIS 数据各字段的值。Parser、Decoder 等为线程级同步队列，RawData 出入于队列两端，每条队列开启一条线程完成各种功能。

《ITU-RM.1371-4 建议书》中的字段信息被封装至 XML 文件中，XML（Extensible Markup

Language)是一种可标记扩展语言。如图1-3中对位置报告1中SOG的解释:SOG字段起始于二进制流的第51位,截至第60位,对SOG的解译需要getSOG( )函数的支持,且不存在默认值。XML文件被Decoder通过静态初始化载入JVM后,根据XML各个节点给出的字段信息对二进制流进行切割、解译等操作。

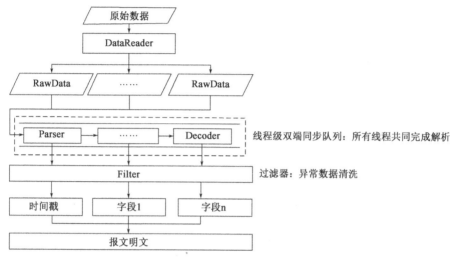

图1-2 基本解析模式

DataReader读取原始数据,并将数据写入Raw-Data,同时解析报文时间戳;Parser将数据字符流转换为二进制并截取封装信息,获取报文类型并根据类型初始化RawData的哈希表;Decoder切割二进制流得到各字段的二进制码,计算各字段值。Filter具备纠错和过滤功能,主要用于去除不感兴趣数据或异常数据,如果RawData对象在其处理过程中存在数据错误或异常,Filter会将其初始化,否则,会将字段值写入RawData的哈希表中;DataWriter将Raw-

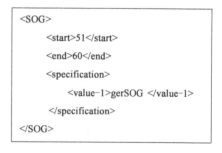

图1-3 XML航速节点

Data中哈希表的数据写入数据库并将RawData初始化,使其得到重复使用。在多线程并行处理大量RawData时,需要根据计算机内存确定并行处理RawData的数量。

程序通过反射机制利用XML中指定的处理函数名称直接获取处理函数,可以避免对不同报文类型的不同字段进行大量的逻辑判断,影响程序效率;相比较于单线程逐条解析,使用多线程并行解析多条原始报文可以有效减少I/O访问存储器的次数,提高数据读取的效率;使用非阻塞式随机存储进行数据存储,可以提高I/O向存储器写入解析数据的速率,缓解由外存与内存处理性能的差异引起内存占用量大的问题,避免了内存占用率高引起的解析效率低下;由于异常数据的存在,线程异常频繁发生,为了保证线程间的数据同步,保证各线程数据处理的独立性与原子性,避免某线程产生的异常干扰其他线程;基于对象,序列化存储异常数据,详细封装异常数据解析时的细节信息,以便后期通过反序列化获取异常数据的封装信息。

1.3.1.3 数据异常处理

AIS 系统在发送、传输和处理信息的过程中,可能会出现测量偏差、异常中断以及信号失真等问题,产生一些异常数据。AIS 数据中主要存在如下两种错误,见图1-4。

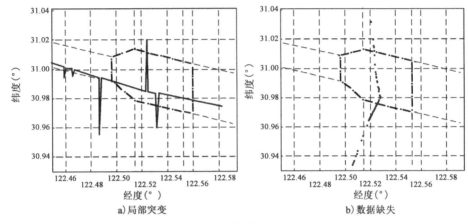

图 1-4　异常数据示例

1)局部突变

AIS 信息在传输过程中可能会出现信号失真等异常情况,导致 AIS 数据在局部范围内出现比较明显的离群点,此时需要对数据进行数据滤波平滑处理。以下介绍一种进行数据滤波平滑处理的方法——莱特检验法。莱特检验法又称莱特准则,常用于检测正态分布情况下的异常数据,适用于样本数量较多的情况。

莱特检验法假设存在一组测量数据 $(x_1, x_2, \cdots, x_n)$,计算其样本均值 $\bar{x}$、残差值 v_i 和标准偏差估计 $\sigma_{\bar{x}}$:

$$\bar{x} = \frac{1}{n}\sum_{i=1}^{n} x_i \tag{1-1}$$

$$v_i = x_i - \bar{x} \tag{1-2}$$

$$\sigma_{\bar{x}} = \sqrt{\frac{1}{n-1}\sum_{i=1}^{n} v_i} \tag{1-3}$$

若数据集合中第 i 个测量数据的残差值 v_i 满足式(1-4):

$$|v_i| > 3\sigma_{\bar{x}} \tag{1-4}$$

则认为该测量数据对应的观测数据 x_i 属于异常数据,需要将 x_i 剔除完成数据平滑。

2)数据缺失

由于各船发射器间相互干扰,数据点的观测间隔远大于正常的 AIS 发报间隔周期,AIS 信息会在时间维度上出现缺失。以下主要介绍基于不定长窗口的线性插值与三次 Hermite 插值两种还原 AIS 中缺失数据的算法。

(1)线性插值。

如果采取动态插值算法进行判断,每个窗口内点的数量不能准确反映窗口中的变化规律,即点密度低于阈值时,算法将采用最简单、精度最低的线性插值法。线性插值法本质上是选取节点,利用节点形成子段区间,每段中都以一次函数去拟合数据变化特点,使在整段

区间内的折线函数 $\varphi(x)$ 逼近于原始函数 $f(x)$。

拟合计算过程如下,假设在子段 $[a,b]$ 中存在插值函数 $\varphi(x)$ 用以拟合函数 $y = f(x)$,满足下列条件:

①假设在 $[a,b]$ 中存在互异点,满足 $\varphi(x_i) = f(x_i) = y_i, i = 0,1,2,\cdots,n$。

②插值函数必须满足 $\varphi(x) = kx + b$,其中 k、b 为函数参数。

③使误差函数 $R(x) = | f(x) - \varphi(x) |$ 达到最小的 $f(x)$。

则称满足条件① ~ ③的 $\varphi(x)$ 为原函数 $f(x)$ 的线性插值函数,其表达式如下:

$$\varphi(x) = \frac{x - b}{a - b}y_a + \frac{x - a}{b - a}y_b \qquad a \leqslant x \leqslant b \tag{1-5}$$

(2)三次 Hermite 插值。

如果采取动态插值算法进行判断,每个窗口内点的数量大于阈值,则可以对窗口内数据,进行Hermite插值。Hermite 插值算法的本质与线性插值类似,都通过选取节点,利用节点形成子段区间,使子段区间内的函数 $\varphi(x)$ 逼近于原始函数 $f(x)$,不同的是每段中选取的函数和求解条件。Hermite 插值的插值函数满足如下条件:

①假设在 $[a,b]$ 区间内,满足 $\varphi(x_i) = f(x_i) = y_i, i = 0,1,2,\cdots,n$。

②插值函数方程满足 $\varphi(x) = a_i x^3 + b_i x^2 + c_i x + d_i$,其中 a_i、b_i、c_i 和 d_i 为函数参数。

③当 a、y_a、b、y_b 均已知,Hermite 插值算法假设插值函数满足条件:

$$\begin{cases} \varphi(a) = a_1 a^3 + b_1 a^2 + c_1 a + d = y_a \\ \varphi(b) = a_1 b^3 + b_1 b^2 + c_1 b + d = y_b \\ \varphi(a)' = 3a_1 a^2 + 2b_1 a + c_1 \\ \varphi(b)' = 3a_1 b^2 + 2b_1 b + c_1 \end{cases} \tag{1-6}$$

④使误差函数 $R(x) = | f(x) - \varphi(x) |$ 达到最小的 $f(x)$。

则满足条件① ~ ②的函数 $\varphi(x)$ 为原函数 $f(x)$ 的 Hermite 三次插值函数,表达式为:

$$\varphi(x) = m_i(x - a)\left(\frac{x - b}{b - a}\right)^2 + m_{i+1}(x - b)\left(\frac{x - a}{b - a}\right)^2 \tag{1-7}$$

1.3.2　风险评估理论与方法

1.3.2.1　贝叶斯网络

1)贝叶斯网络概述

(1)贝叶斯网络概念及原理。

贝叶斯网络,又称贝叶斯信度网络,被 Judeal Pearl 于 1986 年首次提出并成功应用到专家系统,是不确定性问题的表达和推理领域最有效的理论模型之一。其工作原理为以概率图模型为框架形式表达不确定性问题中变量之间的依赖与独立关系;以贝叶斯定理为理论基础推理不确定性问题中变量之间的关系强度。

①概率图模型与不确定性表达。

在最初进行不确定性推理的过程中,通常做法是首先将待解决的问题用一组随机变量 $X = \{X_1,\cdots,X_n\}$ 刻画,然后把关于该问题的有关知识表示为一个联合概率分布,最后根据概率论中相关理论进行推理计算。但是在实际应用过程中发现,当待解决的问题中所包含的变量个数增加时,联合概率分布的求解难度将大幅增加。假设每个随机变量是二值的,则 n 个随机变量的联合概率分布将包含 2^n-1 个参数。为解决应用传统概率理论进行不确定性推理可能面临的这种指数爆炸的弊端,有关学者发现利用变量间条件独立关系可以将联合分布分解成多个复杂度较低的概率分布,从而降低大规模不确定性推理模型中联合概率表达上的复杂度和计算上的难度。

考虑一个包含 n 个变量的联分布 $P(X_1,\cdots,X_n)$,利用链规则,可以把它改写为:

$$P(X_1,\cdots,X_n) = P(X_1)P(X_2\mid X_1)\cdots P(X_n\mid X_1,X_2,\cdots,X_{n-1})$$
$$= \prod_{i=1}^{n} P(X_i\mid X_1,X_2,\cdots,X_{i-1}) \tag{1-8}$$

对于任意 X_i,如果存在 $\pi(X_i)\subseteq\{X_1,\cdots,X_{i-1}\}$,使得给定 $\pi(X_i)$,X_i 与 $\{X_1,\cdots,X_{i-1}\}$ 中的其他变量条件独立,即:

$$P(X_i\mid X_1,\cdots,X_{i-1}) = P[X_i\mid \pi(X_i)] \tag{1-9}$$

那么有

$$P(X_1,\cdots,X_n) = \prod_{i=1}^{n} P[X_i\mid \pi(X_i)] \tag{1-10}$$

这样就得到了联合分布的一个分解,其中当 $\pi(X_i)=\phi$ 时,$P[X_i\mid\pi(X_i)]$ 变为边缘分布 $P(X_i)$。

假设对任意的 X_i,$\pi(X_i)$ 最多包含 m 个变量,当所有变量均为二值变量时,式(1-10)右端所含独立参数最多为 $m\times 2^n$,相对于原来确定联合分布所需的 2^n-1 个参数来说,条件独立使模型得到了简化,并且当变量数目 n 很大且 $m\ll n$ 时效果更为显著。

在式(1-10)所示的分解中,变量 X_i 的分布直接依赖于 $\pi(X_i)$ 的取值。如果给定 $\pi(X_i)$,则 X_i 与 $\{X_1,\cdots,X_{i-1}\}$ 中的其他变量条件独立。为了清晰地可视化这种变量之间的依赖和独立关系,Pearl 于1986年提出用如下方法构造一个有向图来表示这些依赖和独立关系:首先把每个变量都表示为一个节点;再对于每个节点 X_i,都从 $\pi(X_i)$ 中的每个节点画一条有向边到 X_i。以上即是概率图模型的建立过程。

②贝叶斯定理与不确定性推理。

在贝叶斯定理中包含两个重要概念:先验概率和后验概率。这两个概念是相对于某组证据而言的。设 H 和 E 为两个随机变量,$H=h$ 和 $E=e$ 为某一假设,$E=e$ 为一组证据,在考虑证据 $E=e$ 之前,对事件 $H=h$ 的概率估计 $P(H=h)$ 称为先验概率,而在考虑证据之后,对 $H=h$ 的概率估计 $P(H=h\mid E=e)$ 称为后验概率,贝叶斯定理描述了先验概率和后验概率之间的关系:

$$P(H=h\mid E=e) = \frac{P(H=h)P(E=e\mid H=h)}{P(E=e)} \tag{1-11}$$

式(1-11)也称为贝叶斯规则或贝叶斯公式。其中,$P(E=e\mid H=h)$ 称为 $H=h$ 的似然度,有时也记为 $L(H=h\mid E=e)$。在实际应用中,来源于样本数据的似然度往往比后验概率更容易获取,而应用上述贝叶斯公式能够在已知某一变量的似然度与先验概率的情况下求解其后验概率,因此,贝叶斯定理拥有结合先验信息与样本数据获取对未知信息估计的能力,在不确定性推理方法中发挥重要作用。

（2）贝叶斯网络组成与作用。

贝叶斯网络是一种较为常见的概率图模型,其特征是一个有向无环图,由节点以及连接这些节点之间的有向边组成。其中,节点表示任意的随机变量,节点之间的有向边表示变量之间的直接依赖关系。每个节点都附有一个概率分布,根节点 X 所附的是边缘概率分布 $P(X)$,而非根节点 X 所附的是条件概率分布 $P[X \mid \pi(X)]$。以图 1-5 为例,说明贝叶斯网络的各组成部分及其作用。

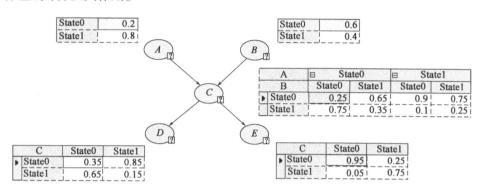

图 1-5　贝叶斯网络示意图

图中每个圆圈代表一个节点,圆圈之间的箭头(即有向边)代表节点间的直接依赖关系。由箭头所指方向可以看出节点 C 同时与节点 A 和节点 B 有直接依赖关系,因此,节点 C 有两个父节点 A 和 B,同理可知 C 节点又是 D 节点和 E 节点的父节点。其中节点 A 和节点 B 没有父节点,因此,称节点 A 和节点 B 为根节点。

图中每个节点均设置为二值状态(即只含有 State0 与 State1 两种状态),每个节点旁的表格即为该节点所附着的参数,其中节点 C、节点 D 和节点 E 附着的概率分布为条件概率分布,条件概率表中的数据表示已知父节点处于不同状态时,该节点不同状态的发生概率;而节点 A 和节点 B 由于是根节点,其附着的概率分布为边缘概率分布,可由专家知识或样本统计分析直接获取。

（3）贝叶斯网络发展及应用。

经过国内外学者的一系列有关贝叶斯网络学习算法的研究,截至目前,贝叶斯网络已经从最初仅使用专家系统构建贝叶斯网络,发展到基于样本数据和专家系统相结合构建贝叶斯网络。另外,随着数据库规模的不断扩大,贝叶斯网络的功能也不再局限于不确定性知识推理,其在大规模数据库中数据挖掘和知识发现的潜力也被逐步开发出来。

如今,贝叶斯网络被广泛应用于许多学科领域:医疗诊断、智能识别、金融风险预测、环境空气质量监测等,成为广受欢迎的不确定性知识推理与数据挖掘的有效工具。

2）贝叶斯网络构建

（1）贝叶斯网络节点的定义。

由上述章节分析可知,一个完整的贝叶斯网络包括三个组成部分:节点、与节点相连的有向边和附着在节点上的条件概率表,其中后两个组成部分均与节点有关。因此,节点的定义既是贝叶斯网络模型构建中的第一步,也是最重要的一步。节点的定义这一步骤包含两个方面：一是节点的选取，二是节点状态的划分。

①节点的选取。

在贝叶斯网络中，每个节点都代表着一个随机变量，因此节点的选取就是模型中所需变量的提取过程。一般有以下三种途径选取所需节点：一是文献调研，二是样本分析，三是专家咨询。在上述选取节点的过程中，需注意选取的节点应具有独立、全面的特点，即节点所代表的变量之间不存在包含或交叉关系，且能够全面包含研究对象的各个方面。

②节点状态的划分。

节点状态即每个节点所代表变量的取值范围。对于代表离散型变量的节点，该变量的所有可能取值可以直接作为该节点的不同状态；对于代表连续型变量的节点，可以将其取值范围离散化为有限个状态区间。如图 1-6 所示，将符合 $N(10,4)$ 分布的船速节点根据不同的速度范围划分为"Very low""Low""Normal""High""Very high"五种状态。

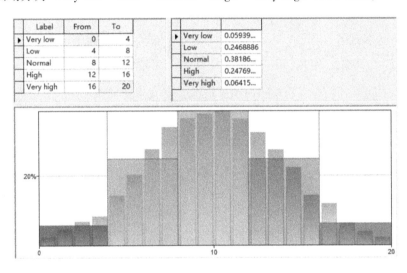

Label	From	To
Very low	0	4
Low	4	8
Normal	8	12
High	12	16
Very high	16	20

Very low	0.05939...
Low	0.2468886
Normal	0.38186...
High	0.24769...
Very high	0.06415...

图 1-6　连续型变量节点离散化

在对每个节点进行状态划分这一过程中，应充分考虑已有的先验知识和数据样本能够支持的状态个数，状态个数过少会造成节点所包含的信息丢失，而状态过多则会导致由证据不足造成的节点可信度降低，因此，只有适当的状态个数才能够保证贝叶斯网络模型的准确性。

（2）贝叶斯网络结构的建立。

贝叶斯网络结构的建立主要有三种方法：一是通过咨询领域专家，利用专家经验及知识人工构造网络结构；二是通过大量的数据样本训练获得网络结构；三是综合使用上述两种方法得到网络结构。

在第一种方法的实施过程中，人们往往将专家知识用变量间的因果关系展现出来，建立一个因果网络。这种人工确定贝叶斯网络结构的方法适用于小规模、结构简单的贝叶斯网络，但对于规模较大、节点间因果关系复杂的贝叶斯网络，效率与准确度不佳。

第二种方法又称为贝叶斯网络结构学习，旨在从数据中发掘变量之间的图关系。目前已有的贝叶斯网络结构学习方法可以大致分为两类：第一类是基于评分搜索的方法，其典型算法有 K2 算法、BD 算法等；第二类是基于条件独立测试的方法，其典型算法有 SGS 算法、PC 算法等。这种通过数据训练得到网络结构的方法适用于大规模贝叶斯网络的构建，但存在所需数据量较大、有时得到的节点间关系不符合实际情况的缺点。

第三种方法通常是在贝叶斯网络结构学习结果的基础上，结合专家知识来修改并确定网络结构，使得最终获得的网络结构在真实反映样本数据复杂关系的基础上还能够贴近实际情况。因此，这种构建贝叶斯网络结构的方法是目前应用最广泛的方法。

（3）贝叶斯网络参数的确定。

在获得贝叶斯网络结构后，需要计算每个节点附带的条件概率表（CPT），进一步挖掘贝叶斯网络中各节点间关系的强度。

根据节点特性的不同，可将节点分为两类：一类是其父节点之间存在逻辑"与"或者逻辑"或"的关系，当其父节点发生或不发生时，该节点发生的概率为 0 或 1，这类节点称为 M 类节点；另一类是其父节点综合作用导致该节点的发生，当其父节点发生或不发生时，该节点发生的可能性的区间为 $[0,1]$，这类节点称为 N 类节点。

对于 M 类节点，其 CPT 可直接通过逻辑关系和因果关系分析获取。其中，相对于子节点，父节点之间逻辑"与"和逻辑"或"这两种关系相对应的 CPT 差距较大，假设一个子节点有两个父节点 A 与 B，这三个节点发生状态记为 True，不发生状态记为 False，则子节点条件概率表如图 1-7 和图 1-8 所示，其中黑点代表概率为 1，白点代表概率为 0。

A		True		False	
B		True	False	True	False
	True	●	○	○	○
▶	False	○	●	●	●

图 1-7　逻辑"与"关系下子节点 CPT

A		True		False	
B		True	False	True	False
	True	●	●	●	○
▶	False	○	○	○	●

图 1-8　逻辑"或"关系下子节点 CPT

对于 N 类节点，无法像 M 类节点那样仅用节点之间的逻辑关系推理获得 CPT，但对于样本数据较为齐全的领域，可以像网络结构学习一样通过对大量数据的分析进行贝叶斯参数学习；如果可用数据较少或完整数据难以获得，则可以通过咨询领域内有经验的专家，用调查问卷等形式获得。其中，在贝叶斯参数学习中最常用的两种方法是最大似然估计和贝叶斯估计；而在专家咨询中，可以应用模糊数学等方法将专家评语或打分转化为条件概率。

1.3.2.2 综合安全评估(FSA)

1)综合安全评估方法概述

(1)FSA 方法的概念与特点。

综合安全评估(Formal Safety Assessment,FSA)方法,由英国海事安全局于1993年在国际海事组织(IMO)第62届海上安全委员会(MSC62)上提出,是一种在风险识别与评估的基础上提供有效的风险控制方案,并以费用效益评价为准则的系统性、结构性和综合性的风险分析方法。其目的在于有效地保障海上人命安全、海员身体健康,提高海洋生态环境以及海运船舶与货物财产资源等方面的安全程度。

与其他的安全评估方法相比,FSA 方法中所采用的评估步骤具有更为规范与合理的特点。它能够通过分析主体可能发生的各类事故,在事故发生之前预计其发生的概率大小,然后从系统的角度出发,综合、全面地考虑各方面的影响因素,从而采取必要的安全防御措施,最终实现避免事故发生或事故一旦发生就能将其导致的不良后果控制到最小的目标。

(2)FSA 方法的发展与应用领域。

自 FSA 方法开始应用于船舶安全评估工作以来,英国联合许多国家相继开展了对散装船和滚装船进行 FSA 研究。国际船级社协会(IACS)为开展 FSA 应用研究,专门成立 FSA 特设工作组,用于跟踪 IMO 的研究工作。中国船级社在1999年根据 IMO 的《综合安全评估应用暂行指南》,专门制定和颁布了《中国船级社综合安全评估应用指南》。国内一些专家、学者也开始对 FSA 评估方法中的数据处理与定量分析的方法进行了研究。

综合考虑目前国内外 FSA 在海上安全领域中的研究应用情况,将 FSA 在船舶安全中的应用领域归纳如下。

①船舶设计与规范:具体内容包括对不同的船型、船长或总吨位的范围、用途以及货物种类的规范与要求等。

②船舶营运区域安全:具体内容包括无限航区、近海、沿海、内河、遮蔽水域、湖泊等区域航行与作业的控制、管理和操作等。

③不同类型船舶作业安全:具体内容包括不同类型船舶在客运、货运、港内作业、海上航行、特种作业等的控制、管理和操作等。

④船舶各类事故的发生原因及预防:具体内容包括针对造成碰撞、搁浅、倾覆、爆炸、火灾、船体破损事故的外部因素和人为因素的分析及应对措施等。

⑤船舶运输过程中的潜在风险:具体内容包括乘客和船员受伤或死亡、环境污染、船舶或港口设施损坏或财产与货物损失等。

⑥船舶不同状态和条件下的潜在风险:具体内容包括航行、锚泊、引航、靠离泊位、拖轮协助与护航、装载与压载状态等。

2)综合安全评估方法内容

(1)FSA 方法的流程框架。

根据《IMO 制定规则过程中应用 FSA 暂行指南》的相关规定,综合安全评估方法包括以下五个步骤:危险识别(Hazard Identification)、风险评估(Risk Analysis)、风险控制方案(Risk Control Options)、费用效益评估(Cost Benefit Assessment)、决策建议(Decision Making Recommendations),如图1-9所示。

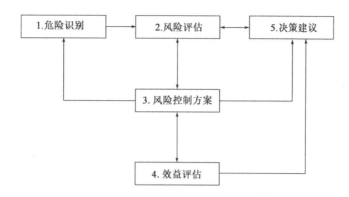

图 1-9　FSA 方法流程示意图

从图 1-9 中可以看出,FSA 的基本流程主要有以下三种。

第一种:危险识别—风险评估—决策建议。

第二种:危险识别—风险评估—风险控制方案—决策建议。

第三种:危险识别—风险评估—风险控制方案—效益评估—决策建议。

需要指出的是,在实施 FSA 方法的第一个步骤危险识别之前,首先要确定评估的问题和范围,通过有关的数据和信息对系统的层次、结构、边界以及内部关系等有一个全面的理解和深刻的认识。另外,还需要充分考虑与评估项目相关联的限定条件,要熟悉评估项目现有的操作程序,同时要提出风险的可接受标准。

(2)FSA 方法的实施细节。

①危险识别(Hazard Identification)。

FSA 方法的第一个步骤是危险识别,该步骤的主要工作是对项目中可能存在的所有危险加以识别,然后将这些危险列出相应的清单,并尽可能地按照不同的危险程度进行排列,目的是便于对重要的危险做进一步分析和提出相应的控制方案。其中,危险的识别方法主要分为三类:第一类,专家调查法,常用方法有德尔菲法、遍历法等;第二类,标准分析技术,如危险性预先分析(PHA)、故障树分析(FAT)、事件树分析(ETA)、故障模式与影响分析(FMEA)和危险与可操作性研究(HAZOP)等;第三类,结合前两类方法,同时从定性和定量两个方面分析可能存在的危险。

②风险评估(Risk Analysis)。

FSA 方法的第二个步骤是风险评估,该步骤的主要工作是在危险识别的基础上分析影响风险程度的各种因素,通过事故统计和专家评估找出高风险区和关键性的风险因素,然后分析风险影响因素与事故后果之间的关系,进而推算出总体的风险水平,达到减少风险的存在和发生的目的。

③风险控制方案(Risk Control Options)。

FSA 方法的第三个步骤是风险控制方案,该步骤的主要工作是在危险识别和风险评估的基础上,考虑实际情况,有针对性地提出降低风险的措施,并根据这些措施制定切实可行的风险控制方案。应当注意的是,在制定风险控制方案的过程中,需要根据安全风险等级划分相应的控制区域,并在这些控制区域的范围内依照想要达到的安全目标的需求制定相应措施。

④费用效益评估(Cost Benefit Assessment)。

FSA 方法的第四个步骤是费用效益评估,该步骤的主要工作是从经济和有效性的角度评估第三个步骤中每种风险控制方案所产生的费用和相应的效益。在这个过程中,主要考量采取降低风险的保障措施与其投入的平衡关系,从而确保使用最低的成本获得最大的安全效益,这也是 FSA 进行费用效益这一定量分析的目的。另外,对未来产生效益的分析也很关键,因为不准确的效益分析可能会对未来的正确决策造成难以挽回的损失。

⑤决策建议(Decision Making Recommendations)。

FSA 方法的最后一个步骤是提出决策建议,该步骤的主要工作是根据上述各步骤的评估结果决定应当选取的风险控制方案,作为新的安全要求或安全规则的修改建议。在这个步骤的实施过程中,应当注意在经过对全部控制方案分析比较后,还应分析执行新方案后对各利益方的影响程度,尽量满足各利益方付出与收益的平衡。

(3)综合安全评估方法优点。

①事先预防性。

相较于其他方法,FSA 方法不仅能用于事故发生后的事后性分析评估,更能在事故发生前就预计到其可能性,并系统地分析潜在危险发生的可能性和一旦事故发生其后果的严重性,从而能够及早地采取必要的措施避免事故发生或使已发生事故的后果降到最小,实现预见性的风险控制,而不只是事后被动的吸取教训。

②全面性。

FSA 方法强调从整体出发全面考虑影响船舶安全的各个方面,通过结构化的分析过程找出各影响安全的因素之间的作用关系,确定各方面安全水平及其对船舶总体安全的贡献大小。这种综合分析的方法保证了各方面安全水平的均衡,同时也避免了为消除某个事故原因而制定的安全要求导致新的潜在危险发生。

③兼容性。

FSA 方法对其他方法有广泛的兼容性。应用综合安全评估的分析流程,可以根据情况灵活地选择适当的评价方法。有些方法适合分析已经发生的事故和历史数据,而另一些方法适合对未来的安全事件进行预测。可根据不同方法在分析具体问题时所表现出的优缺点选择合适的评估方法。

④费用/效益定量分析。

一般来说,为了进一步降低风险,采用额外的安全措施或满足更高的安全标准都将增加安全费用。然而,新增加的费用与由此获得的效益是否成比例,是衡量这种额外投入是否值得的关键因素。FSA 方法进行费用/效益定量分析的目的就是要以最少的安全投资达到最大的安全效益,如此制定出来的安全标准更容易被各航运企业广泛接受。

1.3.3 风险评估工具 IWRAP 软件

IWRAP(IALA Waterway Risk Assessment Program) MKII 是由国际航标协会(The International Association of Marine Aids to Navigation and Lighthouse Authorities, IALA)开发的一款旨在进行航道安全量化风险评估软件。该软件可根据研究水域的船舶交通量及特征参数计算出船舶在某一特定航线上航行时发生碰撞和搁浅事故的频率,能够量化特定水域船舶碰撞和搁浅事故发生频率,通过定量评估方式来比较不同航路风险程度,从而对船舶航线设计和管理提供相应参考。对比其他同类型软件,IWRAP 软件具有高度集成化、综合化的特点,软件集成了 AIS 数据处理、标绘、碰撞概率分析及安全距离求取等多方面功能,能够用于计算船舶交通流在特定水域内风险分布。该软件还具有水上通航环境仿真功能,可以通过人为添加虚拟船舶交通流,或改变某一实际交通流参数方式来评估交通流变化对水域综合风险影响。同时,该软件还允许人为添加或更改风电场等水中构筑物,可模拟水中构筑物建设前后某水域内通航风险的变化情况。该软件主要数据来源包括实时海图信息及 AIS 数据信息,其中海图信息可通过软件自动下载并进行更新,使用者仅需要输入所需分析水域 AIS 的原始报文和风电场相关数据即可。

使用该软件的主要步骤如下所示。

步骤一:选择所需分析水域,使用软件自动获取该水域电子海图资料,并在海图上划定需要进行风险评估的水域范围。

步骤二:导入该水域一定时间段的船舶 AIS 原始报文数据(可根据需要选择,通常不低于一个月),定义原始报文格式后,使用软件进行报文自动解码,并获得水域内船舶交通流相关统计数据。

步骤三:使用软件标绘功能进行水域内交通流标绘,再使用软件中 LEG 功能进行航路内交通流信息抓取,获得该水域内交通流风险热点图。

步骤四:在拟建设风电场水域内输入风电场详细参数,包括风电场平面布局、水深、风机净空高度等,使用软件自动进行风险计算,获得该航路风险值。

在导入 AIS 数据后,软件可自动进行数据解码和标绘,并获取交通流的分布。使用软件自动风险计算功能,获得水域交通流风险分布热点图,航路颜色越深,则代表航路风险值越高。

第2章 国外海上风电建设及安全管理现状

2.1 国外海上风电建设情况

海上风电场建设起源于欧洲,丹麦是一个岛国,近海面积远远大于陆地面积,地处波罗的海,海风风速稳定,没有灾害性台风影响,有利于开发海上风电场。早在1987年,丹麦Dong Energy公司就计划在丹麦Lolland岛附近进行海上风电场建设,并最终于1991年建成全球第一个海上风电场——Vindeby海上风电场,共包括11个风机,单台风机功率450kW(图2-1)。建成初期,行业内对海上风电场建设价值质疑之声不绝,主要是因为海上特殊环境及风机发电效率问题,但在该风电场建成6年后,这种质疑态度发生了根本性转变,因为该风电场日均发电量远高于陆上同等规模风电场,且设备可靠性和运营成本均未超过计划要求。在风雨无阻地运行了25年之后,Vindeby海上风电场已退出历史舞台,在整个运行期内,共发出了2.43kW·h电。4年后,在吸收Vindeby海上风电场建设及运营经验基础上,与其规模相近的Tunø Knob海上风电场在丹麦建成,该风电场目前仍在运营,其运营时间已超过20年(图2-2)。

图2-1 Vindeby风电场拆除现场图

图2-2 Tunø Knob海上风电场

英国的海上风电资源丰富,占欧洲海上风电总资源的1/3以上。但英国海上风电场的建设时间远远落后于丹麦,2000年才建成了英国第一个海上风电场(BLYTH海上风电场),该风电的发电能力仅为4MW,由两座2MW风机组成。经过13年的发展,英国海上风电发电总量及建成数量在2013年超过丹麦,成为全球最大海上风电建设和使用国家。截至2020年,英国建成的海上风机发电规模达到10424MW,并拥有目前世界上最大的伦敦阵列海上风电场(内含风机175座)。根据英国海上风电发展目标来看,英国计划在2030年前将海上风电总发电量提高到30GW。

德国海上风力资源较为匮乏,风力资源丰富地区位于远离海岸的深水水域,需要配套建设海上变电站及其他附属设施。这一度导致德国海上风电建设投入成本较高,海上风电建设发展滞缓。与英国一样,德国于 2000 年起开始海上风电场建设实验,但其第一商用 400MW 海上风电场直到 2013 年才建成并投入运营。该海上风电场离岸 90km,平均水深 40m。在该风电场建成后,德国一度从 2014 年开始暂停了海上风电项目建设计划。伴随风电技术发展和国家对于海上风电项目的扶持,德国于 2016 年重启了海上风电建设计划,并于 2017 进行了第一次海上风电价格拍卖。仅 2017 年一年,德国海上风电总量比以往就增长了 1/4。截至 2020 年,德国海上风电总发电量就已高达 7701kW。德国海上风电发展的突飞猛进主要受益于其在海上风机技术方面的突破。德国的西门子公司是目前世界上最大的海上风机生产制造厂家,目前其研发投产的海上风力发电机单机发电容量已达 12WM,18WM 海上风力发电机也正处于研发设计阶段。

根据德国提出的可持续能源发展计划,德国在 2030 年前海上风电总发电量将超过 25GW,并于 2050 年前,将可持续能源发电比例提高到全国总用电规模的 80% 以上,其中风力发电占比达到 1/3 以上。

荷兰是较早进行海上风电场建设的国家之一,1994 年,荷兰第一座海上风电场 LELY 就已建成并投入运营。该风电场发电能力仅为 2MW(目前已废除)。目前,荷兰建成并投入运营风电场共有 4 座,总发电能力达到 1000MW。根据荷兰发布的远期能源发展战略,截至 2030 年,荷兰计划建成的海上风电场总体发电规模应达到 11.5GW。荷兰是第一个将海上风电发展投入市场运行的国家,2018 年,荷兰第一个完全商业化无补贴的海上风电场建成投产。同时,荷兰还积极创新实践了多种海上风电场运维模式,并首个提出建立海上运维岛的战略发展计划。

2008 年,比利时在离岸 27km 的海域建成了包含 6 个风机的 C Power 海上风电场一期工程,每个风机功率为 5MW;在其后续的二期、三期工程中共建设 48 个风机,每个风机功率为 6.15MW,整个风电场于 2013 年完全建成运行;2009 年 9 月比利时在离岸 46km 的水域建设了包含 55 个风机的 Belwind 海上风电场,单个风机功率 3MW,这也是当时世界上离岸最远的海上风电场,该风电场 2010 年并网发电;比利时的第三个海上风电场是 Northwind 海上风电场,该风电场离岸 30km,每个风机输出功率 3MW,该风电场 2014 年 5 月投入运营。

欧洲部分国家进行海上风电建设起步较晚,例如芬兰于 2010 年才开始风电实验,并建成了一座实验型海上风机,该风机距离海岸仅 1.2km。直到 2016 年,芬兰第一座海上风电场 Tahkoluoto in Pori 才建成并投入运营,该风电场发电总量仅为 4.2MW。

除了扩大海上风电建设规模以外,欧盟国家还在辅助设施建设、风机设备研发及风力发电技术研发等方面进行了大量的投入,目前欧洲水域已建成的海上风电运维基港(或中心)已超过 40 处,主要集中在英国、丹麦和荷兰等海上风电发展起步较早国家。

美国接近 80% 的用电需求分布在太平洋及大西洋沿岸附近,但美国海上风电技术的发展及应用却相对滞后,目前仍处于海上风电场建设初期阶段。直到 2012 年,美国才提出了 "SMART FOR THE START" 草案,对未来海上风电场建设进行了约束和限定。2016 年美国首座 30MW 海上风电场在罗德岛及布洛克岛(Block Island, Rhode Island)附近建成并使用。根据美国能源部门 2015 年制定的关于开发海上风电资源的战略规划,美国计划至 2050 年海上风力能源发电能力将达到 86GW,发电总量将占到全国发电总规模 35% 以上。

在亚洲国家中,目前发展海上风电的国家主要有中国、日本及韩国,越南和印度等国也有少量海上风电场项目在建或计划建设。2020年,尽管受新冠肺炎疫情影响,全球海上风电新增装机容量仍然超过5.2GW,年新增装机再次创历史新高。截至2020年底,全球已投运海上风电场共162个,海上风电累计装机容量32.5GW,比2018年底的数字增长了19.1%。中国凭借2.1GW的新增海上风电装机规模引领2020年增量市场。德国由于在2020年只有一座新增风场,中国累计装机已与德国已经旗鼓相当。荷兰凭借两个大型风场,规模超过欧洲兄弟比利时和丹麦。全球共有26个在建海上风电项目,容量接近10GW;有接近4.4GW来自中国。

截至2020年全球各国及地区海上风电累计装机容量对比见图2-3,装机容量占比情况见图2-4。

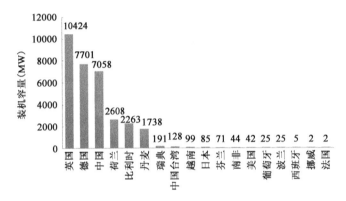

图2-3 截至2020年全球各国及地区海上风电累计装机容量对比

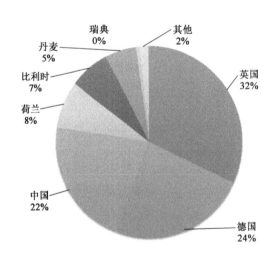

图2-4 截至2020年全球各国及地区海上风电累计装机容量占比情况

截至2020年底,全球海上风电每年可以实现二氧化碳减排6250万t,相当于在道路上减少了2000万辆汽车,同时海上风电产业也在全球创造了70万个就业机会。根据国际能源署(IEA)及国际可再生能源署(IRENA)的最新报告,如果希望把地球温度上升控制在1.5℃以内,全球海上风电装机需要在2050年达到2000GW,而现在的装机量还不到这一目标的2%,2030年的预测装机量也只是这一目标的13%。

2.2　国外海上风电场相关法律法规建设

2.2.1　国际组织与海上风电相关的标准和规定

2.2.1.1　国际航标协会

国际航标协会(The International Association of Marine Aids to Navigation and Lighthouse Authorities, IALA)是一个非营利、非政府间组织,成立于 1957 年,致力于协调全球范围内航标系统的标准、促进船舶航行安全和高效、加强海上环境保护。IALA 会不断地监测相关海上工程的建设发展情况,持续根据需要编制和更新相适应的指导性文件,以确保海上结构和航路导助航标志的明确性,从而实现保障航行安全,保护海洋环境及海上结构的目标。

IALA 于 2008 年 12 月 4 日发布文件 *Recommendation on the Marking of Man-Made Offshore Structures (Recommendation O-139)* (以下简称 O-139),并于 2013 年对 O-139 作了进一步更新和完善。O-139 主要目的是为各国相关部门,包括灯塔管理机构、海事主管部门、导航设施管理机构以及与海上构筑物建设运营相关的承包商、开发商和运营商等提供海上构筑物附近最低灯标配布要求的相关指导,但相关机构可以根据实际情况制定灯标配布方案。另外,O-139 文件的发布自行替代和废止文件包括 O-114、O-116、O-117、O-131。

(1)《O-114 海上构筑物的灯光标志》[*The Marking of Offshore Structures(O-114)*]。

(2)《O-116 水产养殖场灯光标志》[*The Marking of Aquaculture Farms(O-116)*]。

(3)《O-117 海上风电场的灯光标示》[*The Marking of Offshore Wind Farms(O-117)*]。

(4)《O-131 海洋波浪和潮汐能设备的标记》[*The Marking of Offshore Wave and Tidal Energy Devices(O-113)*]。

2.2.1.2　国际海事组织

国际海事组织(International Maritime Organization, IMO)是联合国负责海上航行安全和防止船舶造成海洋污染的一个专门机构,总部设在英国伦敦。该组织最早成立于 1959 年 1 月 6 日,原名"政府间海事协商组织",1982 年 5 月更名为国际海事组织,其作用是创建一个监管公平和有效的航运业框架,涵盖船舶设计、施工、设备、人员配备、操作和处理等方面,确保这些方面的安全、环保、节能、安全。针对海上构筑物建设的主要指导性文件包括:

(1)《海上补给船的设计和建造指南》[*Guidelines for the Design and Construction of Offshore Supply Vessels(OSV Guidelines)*]。

该指南主要对传统用于海上平台物料和设备运输船舶的设计及建造提供指导,该指南主要是针对运载 12 名以下工作人员的船舶规定,同时该指南不适用于特殊用途作业的船舶。

(2)《海上供应船运载货物和人员的安全实施规程》(OSV 规程)[*Code of Safe Practice for the Carriage of Cargoes and Persons by Offshore Supply Vessels(OSV Code)*]。

该规程主要制定了货物及人员转运的相关安全管理规定,规程要求营运者及租船人均须避免或尽量减少海上供应船往来海上平台之间运送货物和人员的危险,并提供了相应的实施细则。

（3）《海上移动平台人员培训和认证建议》（*Recommendations for the Training and Certification of Personnel on Mobile Offshore Units Recommendations for MOU training*）。

该建议提出除了《1978 年海员培训、发证和值班标准国际公约》（*International Convention on Standards of Training，Certification and Watchkeeping for Seafarers，STCW*）的要求外，根据特殊工作需求，还应制定海上移动平台船员的培训标准和能力要求。

2.2.2 部分欧洲国家海上风电相关法律法规建设

总体上看，欧洲国家已在海上风电规划审批、安全操作与管理、风险评估、人员培训与资质要求等方面形成了较为完备的法律法规和管理规定。现以英国、丹麦、德国和荷兰等国家为例进行分析。

2.2.2.1 英国

英国海上风电建设相关的强制性法律包括：《可再生能源义务法》《电力法案 2013》（*Electrification Act*）、《水路运输法》（*Transportation Waterways Act*）等。英国海事与海岸警卫署（MCA）针对海上风电建设出版了若干海运指南通告（Marine Guidance Note）。其中，最新版的海运指南通告为 MGN-543（M + F）-《航行安全：海上可再生能源装置——英国水域航行、安全和应急响应指南》（*Safety of Navigation：Offshore Renewable Energy Installations (OREIs)-Guidance on UK Navigational Practice，Safety and Emergency Response*），最新的 MGN-543（M + F）需和 MGN-372（M + F）-《海上可再生能源装置（OREIs）——对英国 OREIs 附近海员操作的指导》（*Offshore Renewable Energy Installations (OREIs)-Guidance to Mariners Operating in the Vicinity of UK OREIs*）、《海上可再生能源装置海上航行安全和应急响应风险评估方法》等共同使用。

2.2.2.2 丹麦

丹麦能源署（DEA）为了加速海上风电开发，于 1997 年发布《海上风电场行动计划》，筛选出未来适合建设海上风电场的五个区域，由于与其他用海需求冲突以及可能造成的巨大海洋环境影响，有三个海上风电规划区域随后被取消。对于其他两个区域，丹麦政府开展了一项综合环境测量和监测项目，以调查在风电场施工前、建设中和竣工后等不同阶段的环境影响。

丹麦政府于 2005 年发布《海上安全法案》（*Offshore Safety Act*），该法案后续进行了多次更新。该法案有效提高了丹麦海域海上平台的安全管理水平，要求操作人员应确保接受充分的安全指导和培训，并遵守安全标准，负责设备正常运行的检查和维护，并及时向管理机构报告潜在的风险。丹麦环境工作局（DWEA）负责对违反《海上安全法》的海上设施进行安全检查，相关开发公司以安全管理体系的形式进行自我监控。

2.2.2.3 德国

德国政府于 2000 年颁布的《可再生能源法》（*The Renewable Energy Act*）（简称"EEG"），代替了 1991 年开始实施的《电力上网法》，成为推动德国发展可再生能源的重要法律基础和核心政策。该法案至今经历了 2004 年、2009 年、2012 年、2014 年和 2017 年的 5 次修订和完善。最新可再生能源法——《EEG-2017 修正案》于 2017 年 1 月 1 日正式生效，与之前的法案相比，最大的改变是由原先固定电价模式转变为竞争性的招标模式。该法案有三大目标：

（1）按照战略规划发展可再生能源。

（2）努力达成能源总成本最低。

（3）通过竞标为所有参与者提供一个公平竞争的市场环境。

同时,德国政府在联邦法律公报第一部分刊发了 Regulation on Working Time in Offshore Activities（Offshore Working Time Regulation-Offshore ArbZV）,对从事海上活动的船员及其他工作人员的相关要求及管理规定进行了详细的阐述。

德国海上风电法案——*The Offshore Wind Energy Act*（Windenergie-auf-See-Gesetz-Wind-SeeG 2017》于 2017 年 1 月 1 日正式生效,该法案明确了 2021—2030 年十年间完成 1500 万 kW 的海上风电装机任务。实现这一目标需要稳步向前推进,并同时考虑投资成本的下降、电网送出设施的同步建设、陆上并网点的规划以及每个项目的开发、审批、建设和并网事宜。这部法案明确了德国专属经济区的规划和该海域建设海上风电场的规定。

2.2.2.4 荷兰

2013 年 9 月,荷兰政府和工业组织联合发布了一项《促进可持续增长的能源协议》。该协议确立了可再生能源使用的目标,到 2023 年可再生能源使用率达到 16%。为了实现这些目标,荷兰政府于 2015 年 3 月通过了《海上风力能源法案》。荷兰经济事务部与基础设施和环境部负责执行《海上风力能源法案》。根据海上风能法案,三个指定区域将依次开发海上风能:荷兰沿海、北荷兰和南荷兰。

荷兰政府在选择近海开发区域时,采用了基础设施和环境部的海事主管所发布的航行安全框架（The Netherlands Ministry of Economic Affairs, White Paper on Offshore Wind Energy: Partial review of the National Water Plan, September 2014）,该框架考虑了《国际海上避碰规则》（COLREGs）及《联合国海洋法公约》（LOSC）等相关国际规定的要求。开发区域的选择要综合实际航道条件进行确定,其安全区根据发布的评估框架确定。

2.3 国外海上风电建设监管模式分析

2.3.1 风电场建设监管机构职能及项目申请审批程序

纵观欧洲风电大国的海上风电管理机构和职能,海上风电场的规划、审批、建设和营运需要多方参与,共同监管,但是不同部门之间的相关职能存在一定重叠,需要加强沟通与协调,共同致力于提高海上风电开发的安全和效益。

欧洲国家在海上风电监管和相关审批许可方面均具有一套成熟的流程,不同国家之间审批许可授权程序既有相似之处也存在一定差异。根据欧盟相关要求,海上风电场开发之前必须进行环境影响评估(EIA)和战略环境评估(SEA)。环境影响评估主要针对的是海上风电建设可能产生的环境风险问题;战略环境评估主要从制定政策、计划、方案和立法(包括执行条例)等角度分析其对环境的影响。丹麦、英国、德国的环境影响评估是由海上风电项目开发商来实施,荷兰则是由政府部门完成该项工作。各国针对环境影响评估分别出台了相应的指南,具体的环境影响评估工作需遵循指南要求。

以下举例介绍欧洲风电大国海上风电建设监管机构和审批程序。

2.3.1.1 丹麦

丹麦水域近海风电场建设中各职能部门的职责见表 2-1。

丹麦海上风电场建设监管机构及职责　　　　　　　　表 2-1

机　　构	职　　责
丹麦能源署(The Danish Energy Agency)	招标和批准新项目;风电场选址规划
丹麦环境保护署（The Danish Environmental Protection Agency）	风电场选址;环境影响分析
丹麦海事管理局(The Danish Maritime Authority)	风电场选址,近海风电场场址管理,施工船舶进出施工区管理
丹麦国家工作环境管理局(The Danish Working Environment Authority)	风电场选址;装卸作业安全保障措施
丹麦海岸管理局(The Danish Coastal Authority)	装卸作业安全和港口安全

丹麦能源署负责海上风电规划和运行,也负责审批新的电网接入项目。在丹麦建立海上风电项目需获得四项许可证,建立海上风电项目必须获得以下四项许可证:前期勘查许可证、海上风电场建设许可证(在授予本许可证之前必须开展环境影响评估)、25 年期风电开发许可证(该许可证可进行延期)、按照电力法规发放的发电许可证,并网还需获另外的许可证。任何项目均需先后获得以上许可证。如果是小型项目,那么并网许可证可包含在海上风电场建设许可证中;如果是大型项目,则必须单独申请并网许可证。丹麦能源署负责发放所有的许可证并为项目开发企业提供"一站式服务",以有效解决相关利益冲突问题。

丹麦海上风电项目有两种开发方式,一种是通过开发权招标程序完成(Offshore Tendering),另一种是通过开放程序完成(Open Door Procedure),即开发商主动开发,大部分项目是通过招标程序完成的,丹麦海上风电产业的快速稳定发展主要得益于严谨的开发权招标制度和清晰、规范的招标流程。

2.3.1.2 英国

英国水域近海风电场建设中各职能部门的职责见表 2-2。

英国海上风电场建设监管机构及职责　　　　　　　　表 2-2

机　　构	职　　能
英国皇家财产局(The Crown Estate)	有权开发利用自然资源
英国能源和气候变化部(The Department for Energy & Climate Change)	制定和发布涉及海上风电产业的规划
英国商业、企业和改革部(The Department for Energy & Climate Change)	负责海上风电项目的审批申请
燃气与电力办公室(Office of the Gas and Electricity Markets)	管理和协调电网建设和并网
英国环境、食品和农村事务部(Department for Environment, Food, and Rural Affairs)	风电建设相关的环境评估
海洋管理组织(Marine Management Organisation)	管理英格兰和威尔士的风电项目
苏格兰行政院(Scottish Executive)	管理苏格兰项目风电项目
海事事故调查科(Maritime Accident Investigation Branch)	与风电场相关的事故调查
英国健康与安全部(Health and Safety Executive)	确保工作人员的健康、安全和福利;保护公众免受海上风电造成的危险;管理固定式风机
海事和海岸警卫队(The Maritime and Coastguard Agency)	监管海上风电行业健康和安全;管理浮式风机;启动和协调海上搜救

根据英国法律,英国皇家财产局作为全体国民的委托人,负责管理全国一半以上的海滨以及几乎全部海底,并拥有开发利用自然资源(石油、天然气和煤炭除外)的权利。海上风电开发公司必须向英国皇家财产局申请执照。针对领海以外的项目,该国能源法将英国皇家财产局的管辖范围扩大到英国专属经济区。在海上风电选址规划方面,地方政府只能发挥协调作用。

审批许可程序根据风电场的大小和风电场开发商而有所不同,对于英格兰水域和威尔士近海水域,审批许可的机构是海洋管理组织(MMO)或能源和气候变化部(DECC)(100MW及以上的重大项目)。苏格兰水域项目审批部门为苏格兰海事机构,北爱尔兰水域项目审批部门为北爱尔兰环境部,威尔士的近海水域项目审批部门为威尔士自然资源管理局。

海上风电场项目开发商必须进行环境影响评估(EIA)和海上航行安全及紧急响应评估。海事和海岸警卫队(MCA)发布了一份船舶航行安全和应急评估指导说明(MGN-371),强调了在评估英国内海、领海可再生能源开发对航行安全和搜救的影响时需要考虑的问题。

2.3.1.3 德国

德国水域近海风电场建设中各职能部门的职责见表2-3。

德国海上风电场建设监管机构及职责 表2-3

机 构	职 能
联邦海事和水文管理局(Federal Maritime and Hydrographic Agency)	海事主管机构;负责海上安全、保护海洋环境
联邦水道航运管理局(Federal Maritime and Hydrographic Agency and the Wasser)	海洋主管机构;审查风电场项目对航行的危害
联邦交通和数字基础设施部(Federal Ministry of Transport and Digital Infrastructure)	负责海上安全、保护海洋环境
联邦海事事故调查局(The Federal Bureau for Maritime Casualty Investigation)	负责海上风电相关的事故调查
专业行业协会(Professional Association for Transport and Transport Economics)	预防海上风电行业职业健康危害和事故

德国联邦海事和水文管理局是北海和波罗的海海上风电场开发项目的审批机构,地方政府负责审批德国领海内近海风电场项目。德国一般在专属经济区内规划海上风电场。根据《海洋设施条例》,德国专属经济区风电核准程序的法律依据是《联合国海洋法公约》和《德国联邦海洋责任法》。在专属经济区内建设海上风电场项目必须确保不会影响船舶航行的安全和效率,且不会破坏海洋环境。因此,开发商在提出项目申请前,必须按照联邦海事和水文管理局标准(Standard:Investigation of the impacts of offshore wind turbines on the marine environment)进行环境影响评估。海上风电场的一般使用期限为25年,必须在项目批准后至少2.5年开始施工。

2.3.1.4 荷兰

荷兰水域近海风电场建设中各职能部门的职责见表2-4。

荷兰海上风电场建设监管机构及职责　　　　　表 2-4

机　　构	职　　能
公共工程和水利管理总局（Directorate-General for Public Works and Water Management）	海洋主管机构；制定规范化建设风电场的文件和程序；负责风电项目审批的前期工作
国家资源监督管理委员会（State Supervision of Mines）	海上风电建设安全监督检查和调查
荷兰航运监察局（The Netherlands Shipping Inspectorate）	海事事故的执法调查

　　荷兰的风电公司需要通过竞标来取得国家分配的项目。荷兰政府已经制定出了非常完善的法律框架，根据荷兰海上风能法案，主要在三个区域开发海上风能：荷兰沿海、北荷兰和南荷兰。由荷兰政府负责具体的选址工作，选址过程中需严格遵守基础设施和环境部发布的航行安全框架，并充分考虑现有航道条件，其间还需要编制一份完备的环境影响和环境评估报告。

2.3.2　海上作业监管模式分析

　　国外海上风电场建设流程一般分为 9 个阶段，分别为初期计划阶段、场地准备阶段、申请许可阶段、审批及项目核准阶段、资金筹备阶段、海上风电场施工建设阶段、海上风电场运营阶段、海上风电场拆除阶段和项目注销阶段。如何降低海上作业所带来的作业风险和通航风险一直是海事管理部门以及相关主体责任方关注的焦点。针对海上作业的通航安全监管，海事管理部门以及海上风电建设相关单位主要从船舶管理和人员管理两方面开展工作。目前，国外主要关注作业船舶的安全管理问题，通常从设备配备要求、船上人员管理以及船舶操作管理三个方面进行安全监管。

　　此外，风电场附近过往船舶对风电场建设存在一定影响，国外针对过往船舶的管理也提出了一些监管规定。

2.3.2.1　航路与海上风电场安全距离设置

　　目前，大多数国家在确定航路与海上风电场的安全距离时会借鉴海上石油平台和桥梁等海上设施的相关研究成果，直接设定为某一数值，如 1n mile 或者 2n mile。对于航路与海上风电场的安全距离，不同的国家设置和应用情况不同。

　　针对航路与风电场的可接受距离范围，英国 Maritime and Coastguard Agency（MCA）为规范和指导海上风电场的建设，协调好海上风电设施布置与通航环境的关系，于 2008 年 8 月发布了 *Offshore Renewable Energy Installations（OREIs）：Guidance to Mariners Operating in the Vicinity of UK OREIs*；2016 年 1 月，MCA 更新发布了 *Safety of Navigation：Offshore Renewable Energy Installations（OREIs）-Guidance on UK Navigational Practice，Safety and Emergency Response*［MGN 543（M＋F）］，海上风电设施与航路之间的距离如图 2-5 所示，根据不同的风险忍受程度，划分出海上风机与航路的距离参考标准见表 2-5。

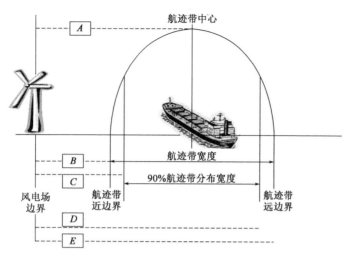

图2-5 海上风电场与航路边界示意图

图2-5中,距离 A 表示海上风电场边界至航路中心距离;距离 B 为海上风电场边界至航迹带近边界距离,即最近距离;距离 C 为海上风电场边界至航迹带分布宽度保证率90%条件下的航路近边界距离;距离 D 为海上风电场边界至航迹带分布宽度保证率90%条件下的航路远边界距离;距离 E 表示海上风电场边界至航迹带远边界距离。通常选用 C 来表示航路至海上风电场的距离。以上航迹带分布宽度保证率90%,是指穿越该宽度空间内的船舶流量占据了总流量(即航迹带近边界和航迹带远边界之间流量)的90%。目前,该距离划分标准在海上风电选址领域应用较为广泛。

MGN-543(M+F)的距离标准   表2-5

风机与航路(90%的船舶交通)的距离	考 察 因 素	忍 受 程 度
<0.5n mile (<926m)	(1)X 波段雷达干扰; (2)船舶可能会在岸基雷达上产生多重回波	不可忍受
0.5~3.5n mile (926~6482m)	(1)船舶领域(船舶尺寸和操纵性); (2)与通航分道边界的距离; (3)S 波段雷达干扰; (4)对 ARPA 或其他目标自动跟踪手段的影响; (5)符合国际海上避碰规则的要求	(1)如果"满足尽可能合理降低原则"(As Low As Reasonably Practicable,ALARP),可接受; (2)需进行额外的风险评估并提出缓解措施
>3.5n mile (>6482m)	风机之间的最小间距	广泛可接受

相对于英国而言,美国并没有明确海上风电场与航路的安全距离界定范围。美国海岸警卫队(US Coastguard,USCG)在"大西洋海岸港口航路研究"(Atlantic Coast Port Access Route Study,ACPARS)中对英国提出的距离标准进行了改进和应用,用以确定现有航线和规划航路是否需要进行重新设计。在该研究中,USCG 将与航道(航路)的距离小于 1n mile 的

水域标记为红色,距离在 1 ~ 2n mile 范围内的水域标记为黄色,距离大于 2n mile 的水域标记为绿色,明确指出可以建设海上风电场的水域以及建设海上风电场需要远离的水域,能够用于确定海上风电场的初步选址。

2.3.2.2 船舶通航监管

船舶在海上风电场附近航行时,存在与施工船舶以及风机等碰撞的风险。为了尽量降低海上风电场建设对通航船舶的影响,国外相关管理机构制定了一些安全保障措施,主要包括信息播发及警示、现场安全监控两方面。

1)信息播发及警示

(1)信息播发。

海事管理部门主要通过航海通(警)告、航行信息广播或其他适当媒介告知海上风电场的具体位置、施工情况,尤其是风电场内大型作业活动情况和风电场的安全区等信息。

(2)标志和照明。

国际公约及规定主要是从航标布设方面对海上风电警示标志和助航标志进行了建议,大部分都基于 IALA 提出的相关规定,根据 IALA 文件 O-139,其对海上风电航标布设具体要求如表 2-6 所示。

IALA 关于海上风电场助航标志设置建议 表 2-6

项　　目	灯光 (白色)	灯光 (黄色)	辅助灯 (红色)	中间灯 (黄色)	雾中信号	雷达信标	AIS 助航 设备	浮标
海上风电场		*		+	+	+	+	+

注:1. 数据来源为 O-139。
　　2. ＊ = 推荐;＋ = 建议考虑。

根据 MCA 的要求,施工单位和营运单位应该在每一台风机上标记出清晰可见的唯一标志。标志需运用低强度光进行照明,便于船舶可见,从而确保船舶在距离风机适当的位置处能够观测到风机。

2)现场安全监控

(1)船舶监控。

目前,英国海事管理部门主要通过 AIS 监测风电场和海底电缆附近船舶的行为,其中也包括在风电场内部的工作船舶。风电场或海事控制中心通过 VHF 设备与船舶进行通信,并及时警告这些船舶已进入风电场的操作区。对于忽视警告并被认为可能会造成潜在危险的船舶将提醒远离风电场,该船的具体信息也将被报告给相关主管部门。

(2)闭路电视(CCTV)监控。

运营单位通常在风机或升压站上的关键位置处安装 CCTV 监控设备,确保其监控范围能够覆盖整个海上风电场,且确保 CCTV 设备包括白天和夜间两种模式,如果发现船舶接近或者已经进入风电场,监控人员将应予以提醒。

(3)巡航。

在海上风电场的施工和维修期间,海事管理部门和风电场建设相关方通常会指派巡航船或警戒船定期在风电场附近巡航,对于接近或进入风电场的船舶,及时提醒远离。

2.4 海上风电典型选址评估方法和管理措施

2.4.1 海上风电典型选址评估方法

在海上风电场选址阶段,除应充分考虑项目对环境因素的影响,还需综合考虑海上风电场与过往商船及作业渔船间的相互影响。因此,各国在进行海上风电场审核阶段均要求或建议业主单位针对风电场选址开展通航影响评估论证,部分国家业内组织或研究机构还出台了相应的通航风险评估指导意见。国际上针对风电场选址的方法目前主要分为两大类:基于风险评估的海上风电场选址方法和基于船舶交通流分析的海上风电场选址方法。

2.4.1.1 基于风险评估的海上风电场选址方法

英国、德国、丹麦等国家主要采取的是基于风险评估的海上风电选址方法,但在指南、风险模型等方面存在不同。

英国 MCA 发布的《沿海可持续能源建设指南(MGN-543)》及英国行业贸易部(DTI)联合运输部(DFT)以及 MCA 联合发布的《沿海可持续能源设施附近通航安全及应急响应风险评估方法》(*Methodology for Assessing the Marine Navigational Safety & Emergency Response Risks of Offshore Renewable Energy Installations*)为海上风电场及其他水中能源建(构)筑物的建设和评估作了相应规定,已成为全球绝大部分海上风电场设计与建造的参考依据。

MGN-543 中明确指出,海上风电场在建设选址之前应充分考虑附近交通流的安全影响和事故风险因素(如船舶交通流、通航船舶类型、航道通航参数、水文条件、气象条件、海上风电场设施布设等),建议使用综合安全评估(Formal Safety Assessment,FSA)及事故链(Causal Chain)方法对海上风电场通航安全影响风险进行相应评估,见图2-6。

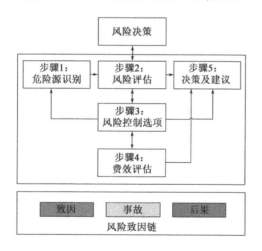

图 2-6 英国相关建议中使用风险评估方法(FSA,Causal Chain)

FSA 方法的优势在于可与其他风险评估方法配合使用,如在英国海上风电场评估中较常使用的 COLLRISK 模型、COAST/COLLIDE 模型及 DYMITRI 模型。通航风险评估综合考虑了过往商船在风电场附近的通航活动、风电运维船舶场内作业活动、应急及搜救活动的风险情况,但并未考虑风电场相关附属设施及港口安全问题。根据标准要求,被评估风电场最大可接受人员死亡事故概率应小于年均十万分之一,发生船舶碰撞事故的概率应小于年均万分之一。同时，MGN-543 还明确了航路与风电场的最小安全距离以及海上风电场对通航设备影响等方面的要求。

在英国海上风电场选址及审批过程中，各风电项目除依据国家建议安全评估方法进行评估以外，还需结合不同水域特点及风电场项目特点，综合运用多种风险评估方法对风电场建设风险进行评估。Anatec UK 是英国最大的海上风电场开发和建设公司，在该公司项目进行评估过程中，还常使用 COLLRISK 风险评估模型进行通航风险评估。该模型结合 GIS 方法综合考虑自然及水文环境，对船舶通航碰撞风险、渔业作业风险、海上火灾及爆炸事故风险、风机结构可靠性等进行了综合的风险评估分析。

德国也制定了一系列的海上风电场通航安全评估方法，德国联邦海事与水文局联合德国劳氏船级社(Germanischer Lloyd, GL)于 2002 年、2008 年及 2015 年签署了多项关于对海上风电场周边船舶通航安全评估的指南。在早期通航风险评估指南中，主要使用由挪威船级社(DNV-GL)提出的 COLWT 模型对船舶与海上风电场碰撞概率进行计算，见图 2-7。该模型综合考虑了船舶交通情况、水文气象情况和海上风电场布置情况，涵盖了海上风电场在建设和管理期间对附近通航船舶的影响分析，但该评估方法未对施工船舶作业、风电安装及拆除、配套作业设施配备等情况进行考虑。

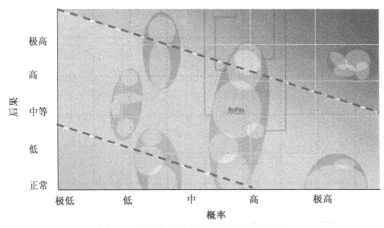

图 2-7　德国海上风电场风险评估风险矩阵

2014 年，德国水路与航运总署(Directorate-General for Waterways and Shipping, GDWS)签署了《海上风电场附近船舶通航安全指导意见(第二版)》(*Richtlinie, ffshore-AnlagenB zur Gewährleistung der Sicherheit und Leichtigkeit des Schiffsverkehrs Version* 2.0)。该指导意见进一步明确了不同船舶类型及船舶尺寸使用 COLWT 模型的参数设定问题，并将船舶风险等级分为"频繁、偶尔、罕见和极为罕见"四个类型。根据指导意见要求，风电场附近船舶碰撞事故不应超过百年一遇。德国在进行风电场通航评估时，还运用有限元分析法对船舶碰撞风机的后果进行了分析，根据风电场附近通航船舶类型和吨位信息，进行风电场碰撞风险大小的动态评价。

此外，丹麦工业贸易部与运输部合作编制了丹麦海上风电场影响评估指南，提出了评估海上风电场海上航行安全风险的方法(Guidance on the Assessment of the Impact of Offshore Wind Farms: Methodology for Assessing the Marine Navigational Safety Risks of Offshore Wind

Farms)，用于评估海上风电场所造成的通航风险。

2.4.1.2　基于船舶交通流分析的海上风电场选址方法

荷兰、美国、瑞士等国家主要采取交通流分析的方法进行海上风电选址分析。

依据荷兰《水上法案》(Water Act)，荷兰参与海上风电场建设的部门主要有荷兰经济与气候部、基础设施建设部及荷兰企业管理局等。与其他国家不同的是，荷兰海上风电场通航及环境影响评估主要由政府主导进行。政府部门通过对沿海水域进行整体评估后识别出风电场潜在可用水域，再将水域交由开发商进行海上风电开发。在海上风电场评估方面，荷兰政府与荷兰海事研究机构(Maritime Research Institute Netherlands，MARIN)开展了很多合作，该机构也在国际海上风电场评估领域享有很高声誉，在欧盟海事安全项目支持下，由该研究机构联合荷兰海事安全局，设计了一套专门进行海上通航风险评估的软件：SAMSON(Safety Assessment Models for Shipping and Offshore in the North Sea)。该软件主要使用定量分析方法，依据 AIS 数据对不同水域船舶碰撞、搁浅、失控等事故风险进行建模计算。

该软件早期主要被应用于各类海事安全评估和航道设计、管理等方面。经过后续开发完善后，该软件增加了对海上风电场等水中建(构)筑物进行船舶碰撞概率计算的功能。目前，该软件已经能够综合考虑海上风电场的复杂场景，并结合不同船舶特征和交通流特征，进行综合通航风险评估。该模型在 Van der Tak and Rudolph (2003)、SAFESHIP (2005，2006)、Kleissen (2006)的相关研究中得以论证和发展，目前已被广泛使用在荷兰风电场选址研究中。通常来说，荷兰政府在进行评估时，提交的海上风电场综合风险评估报告会综合考虑船舶交通情况、施工船舶作业情况、海上风电场运维安全、风机退役拆除、紧急事件处理、相关附属设施等各个方面的影响，该评估方法是荷兰目前唯一覆盖海上风电场建设所有阶段的评估方法。

此外，部分处于海上风电场发展初期的国家虽然没有国家层面的评估指导意见或建议，但在进行选址评估阶段也要求业主单位就项目对环境影响进行评估。美国目前尚无指定的风险评估分析方法和模型，在进行海上风电场建设时，主要将欧洲评估方法作为参考借鉴。美国纽约海上风电项目选址时，海洋能源管理局(BOEM)要求业主通过使用 AIS 数据分析方法，对 2013—2014 年拟建设水域内船舶交通情况进行评估分析，评估报告充分考虑了船舶交通情况、自然水文环境等因素，对风电场建设可行性和位置选择作了详尽分析，并对项目建成后可能导致的航道变化和交通流变化进行了预测，从而为相关部门进行通航管理提供了参考依据。

总体来看，目前国际上进行海上风电场通航评估的主体思路和方法是较为统一类似的，大多是以 FSA 方法作为其研究模型的核心，附加其他评估手段(如 AIS 分析、定量性分析等)进行综合通航评估。不同的是，不同国家对其模型结果和关注重点有所不同，英国 COLLDE 模型是基于 FSA 传统的评估模型，荷兰、比利时目前运用的 SAMSON 软件更加注重全阶段综合分析，而德国提出的 CL 模型除了能够计算船舶与风机碰撞概率外，还能够评估船舶碰撞所产生后果。

此外，瑞典能源署联合 SSPA Sweden AB 于 2008 年发布了海上风电场船舶交通流风险评估方法(Methodology for Assessing Risks to Ship Traffic from Offshore Wind Farms),提出基于船舶交通流的风险评估方法,也开始用于指导海上风电场选址。

2.4.2 海上风电场安全区设置

多数国家对海上风电场施工调试阶段安全区域的划定基本参考英国提出的安全区划定标准。英国的"The Energy Act 2004"对海上风电场的安全区域设置要求进行了详细的阐述。尤其是对海上风电场安全区与传统意义上的禁航区进行了比较说明,指出了海上风电场安全区(Safety Zone)与传统意义上的禁航区(Exclusion Zones)存在的明显区别(图2-8)。

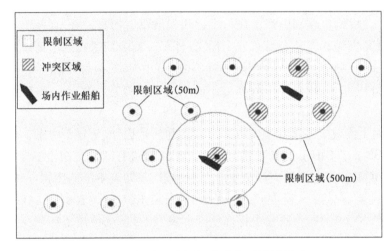

图2-8 英国海上风电施工期安全区域划定图示

根据英国能源与气候变化部(DECC)提出的沿海可持续能源设施安全区域应用规则(Applying for Safety Zone Around Offshore Renewable Energy Installations),在施工、大型维护、扩展和拆除阶段,已布设风机(或基座)及正在施工船舶所在位置为圆心的500m范围内为施工安全区,该安全区应上报至海事管理部门及其他相关部门,任何船舶在未经允许情况下不得驶入该水域。海上风电机测试调试阶段,安全区域为该风机附近50m范围内。为降低海上风电场对其他海上作业和船舶通航的干扰,安全区域仅对正在从事维护或安装的风机有效,一旦作业完成,相应安全区域则应取消。海上风电场运维期主管部门并未对整个海上风电场进行区域性安全区的划定,但DECC及MCA可以考虑针对单独风机进行安全区域划定。该独立安全区域通常应在特殊通航或自然条件下,由业主单位申请划定,且该安全区域仅包括各风机附近50m范围内水域。

荷兰在进行海上风电场安全水域划定前需要进行相应的通航评估,并根据通航评估结果进行安全区设定,通常设场区水域附近500m范围内及海上升压站附近750m区域为安全区。2018年,荷兰开放风电场水域的政府报告 *Review on Risk Assessment on Transit and Couse of Offshore Wind Farms in Dutch Coastal Water* 中对风电场周围安全区域的设置进行了相应的更改。根据目前要求,荷兰政府已经批准长度小于24m的船舶在白天驶入风电场区域,或船长小于24m的渔船在场内进行捕鱼作业(非锚泊状态),但仍明确规定风机周围50m为保护区域,禁止一切船舶驶入。

英国、德国及荷兰关于运维期间海上风电场安全区域划定建议见图 2-9。

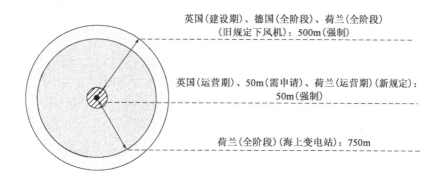

英国(建设期)、德国(全阶段)、荷兰(全阶段)
(旧规定下风机)：500m(强制)

英国(运营期)、50m(需申请)、荷兰(运营期)(新规定)：
50m(强制)

荷兰(全阶段)(海上变电站)：750m

图 2-9　英国、德国及荷兰关于运维期间海上风电场安全区域划定建议

与英国相似,在海上风电场的不同阶段,丹麦政府对海上风电场安全区域划定的要求不同。在建设期间,所有风机及施工船舶附近 500m 为安全保护区域,但在运维阶段,并无强制性安全区域要求。

德国对海上风电场安全区的划定级别最高,按照德国法规要求,德国水域内一切风电场区域为封闭区域,任何船舶未经允许不得驶入。场区周围 500m 为安全区域,仅允许船舶长度不超过 24m 的小型船舶在良好天气和海况的情况下驶入。

2.4.3　风电场附近航道布设距离要求

风电场与航道间隔距离是影响风电场附近通航船舶安全的重要因素之一,英国 MGN-543 中定义了航道与风电场间隔距离的含义。

根据 MGN-543 定义,传统意义上航道与风电场间隔距离是指传统航道(水道)中船舶交通流分布宽度 90% 边界至风电场内最靠近航道一侧风机外边界的间距。该距离通常可通过历史 AIS 数据分析获得。另外,在各个国家的不同法律及建议中也均对海上风电场与通航船舶的最小通过距离提出了相关要求。相关法规指南包括:

(1)英国 MCA 发布的沿海可再生能源设施附近航行操作、安全及应急响应指南(MGN-543 (2016)：Safety of Navigation：Offshore Renewable Energy Installations (OREIs)-Guidance on UK Navigational Practice, Safety and Emergency Response)。

(2)英国航海协会发布的专业航运与航海空间规划方法(The Shipping Industry and Marine Spatial Planning-A Professional Approach)。

(3)英国船东互保协会(Steamship Mutual)发布的海上可再生能源设施附近航行指南(Navigation in the Vicinity of Offshore Renewable Energy Installations)。

(4)荷兰基础设施和环境署联合经济署于 2015 年发布的海上风电场与航道安全距离界定评估框架(Assessment Framework for Defining Safe Distances between Shipping Lanes and Offshore Wind Farms)。

其中,关于海上风电场到附近航路安全距离的要求可以从国家层面、行业协会要求、特

殊情况下的规定以及目前已建成海上风电场项目具体情况四个方面来具体分析。

（1）国家层面。

①英国在 MGN-543 中明确要求风电场附近船舶航道最小安全距离不应低于 0.5n mile，在 0.5～2n mile 距离内的航道处于中等风险级别，而 2～5n mile 范围内的航道风险较低，5n mile 以上则基本无影响。

②德国则要求船舶在通过海上风电场时，应保持 2n mile 左右通过。

③其他欧盟国家如丹麦、德国、瑞典等，其关于最小安全距离的要求为不低于 1n mile。

（2）行业协会等要求。

①安全距离国际航海协会（PIANC）在 PIANC 2014 Guidance 中提出海上危险物标距离主要航道最小距离应不低于 2n mile。

②The Confederation of European Shipmasters' Associations（CESMA）建议船舶距离海上风电场最小安全距离应不低于 6 倍船长及船舶完成旋回所需最小横距。

（3）特殊情况下的要求。

①英国 MCA 要求大型油船如发生船舶失控或紧急制动，该船舶距离海上风电场最小距离不得低于 1.6n mile。

②根据美国相关法规要求，海上风电场附近如存在分道通航制（TSS），风电场距离 TSS 最小距离不得低于 2n mile，且距离 TSS 出入口距离不得低于 5n mile。

③英国航海协会则建议海上风电场距离危险货物船舶航道（如 LNG 船舶）最小距离不应低于 2n mile。

（4）目前已建成海上风电场项目具体情况。

①荷兰已建成风电场附近船舶最小通过距离为 500m，如 Netherland Offshore Wind Park 及 Borssele Offshore Wind Farm。

②英国海上风电场基本满足船舶最小通过距离不低于 0.5n mile 的要求，但也存在例外。如英国 Thanet Offshore Wind Farm 周围船舶最小通过距离为 500m，而英国 East Anglian Offshore Wind Farm 附近通航船舶距离海上风电场距离则超过 2n mile。

2.4.4 现场管理手段和措施

海上风电场建设的现场作业主要涉及船舶运输和现场施工。其中，现场施工则涉及船舶进入限制区、抛锚、加油、吊装作业、装船固定、船舶和海上风机之间人员的转移、船舶与船舶之间的人员转移和海上燃料转移等内容。目前，国外有关海上风电场建设过程中的现场管理主要从海上管理和海上协调两方面开展工作。其中，海上管理主要涉及施工船的选择、施工人员的管理和作业控制程序等，而海上协调则主要涉及制定共同协调机制、信息共享和施工环节协调等。

2.4.4.1 职责划分

风电场运营单位应制定风电场运营的总体政策，并指定项目总监或现场经理。项目总监或现场经理负责确保海上风电场内现场管理人员的职能角色与风电场运营单位的政策要求一致。

1）基本安全管理

在基本安全管理方面，现场管理人员应该：

(1)对与海上风电场建设直接相关的海上作业进行风险评估，并确定施工方案。

(2)根据风电场运营单位的政策制定并实施现场安全作业程序。

(3)根据风电场运营单位的政策和沿岸国相关法规制订风电场应急响应计划（Emergency Response Plan，ERP）和相应的应急响应合作计划（Emergency Response Cooperation Plan，ERCoP）。

(4)协助承包商编制承包商管理系统和风电场管理系统之间的桥接文件。

(5)提交有关危险和险情的报告。

(6)确保事故调查的有效性，总结经验教训并采取纠正措施。

(7)与承包商和船舶经营者分享安全信息和经验教训。

(8)定期开展应急演习。

(9)定期审查所有现场安全程序和风险评估方法（Risk Assessment Methodology，RA/MS），并及时告知相关方审查结果。

2）海上作业管理

在海上作业管理方面，现场管理人员或海上管理人员应该：

(1)根据风电场运营单位的政策和现场安全程序制定和实施海上作业程序。

(2)进行船舶适用性评估并安排所有船舶的适用性检查。

(3)协助船舶经营人编制船舶经营人管理系统和风电场管理系统之间的桥接文件。

(4)监督风电场的所有海上作业。

(5)根据海上风电场的 ERP，制订并实施海上演习方案。

(6)保存船舶舱单的记录，包括船上人员的详细信息以及根据访问请求（Requests for Access，RFA）在风电场内进行的工作。

(7)根据法定要求和行业标准，确保所有在风电场内工作或访问风电场的人员持有资格认证。

(8)与地方当局、用海单位和其他海上利益相关者沟通，确定现场进入要求和进出风电场的推荐航线，并充分关注可能影响相关者利益的风电场作业。

(9)查看项目工作计划以识别潜在的船舶交通及可能与风电场产生的冲突。

(10)管理和维护现场的气象测量设备。

现场管理人员或海上管理人员应建立海上协调机制，监督风电场内的所有海上作业，及时向工作船船长提供船舶交通、天气状况等信息，并协调风电场内任何事故的应急响应。

3）施工承包商

在风电场内开展工作的承包商应：

(1)以安全的方式开展工作，并应与现场安全程序一致。

(2)熟悉针对海上风电场建设的 ERP。

(3)报告在工作期间观察到的事故、危险和险情。

(4)维护在风电场内航行和进行海上作业所需的认证。

(5)确保所有利益相关方都熟悉正在实施作业的 RA/MS。

（6）遵循船员或海上协调人员有关海上作业的指示。

2.4.4.2 作业控制程序

1）风险评估和施工方案

海上风电场施工单位应该按照经批准的施工方案和风险评估认可的方法进行海上作业，明确识别风险，并证明作业风险水平是可接受的且符合 ALARP 原则。应将 RA/MS 提交给现场管理人员进行审查和评价。

现场管理人员应建立风电场内海上作业的风险接受标准，并告知承包商和船舶经营人。根据 ALARP 原则，应尽可能降低发生危险事件的可能性和事故产生的后果。通常，在评估了可预见的故障模式、后果和可能的风险控制措施之后，将所有风险化解到最小化时，可以认为作业风险符合 ALARP 原则。

现场管理人员应制定操作程序，以明确海上作业的过程和风险控制方式。此类程序应由场地管理部门定期进行 RA/MS 审查。如有必要，在常规操作程序下进行的海上作业可能还需要进行额外的风险评估。

2）天气限制标准

现场管理人员应该建立限制海上风电场在恶劣天气条件下作业的程序。该程序主要包括天气限制标准，主要应考虑波浪和涌况、风速和风向、流向和潮差、雷暴和闪电等因素。

天气限制标准应针对特定海上作业内容制定，要保证在特定船舶和相关设施的安全工作允许条件内。施工作业标准应该考虑工作船在不同环境和装载情况下的特性，并在涉及作业的 RA/MS 和操作程序中进行说明，船舶的施工作业标准应该明确告知船长、船员、工作人员和海上协调人员。现场管理人员也可以设定风电场内所有操作的界限标准，界限标准应该低于相应的极限标准。海上协调人员负责根据天气限制和界限标准监测天气状况并对未来天气状况进行预测，同时将气象信息告知施工船舶。

2.5 典型海上风电运维管理模式

为解决海上运维船舶使用效率较低、运维成本高昂的问题，目前新兴的海上风电运维模式如下：

（1）传统独立运维模式。在海上风电发展初期，海上风电场项目数量较少，大部分业主采取传统的独立运营模式，即由风电场业主开发单位独立承担海上风电场日常运维。由于单个项目运维任务较少，从而导致运维力量设施浪费，增加了运维成本。但值得注意的是，如单个项目规模较大，或同一业主下属项目集中在同一水域。则该模式也能够有效降低公司运维成本，提高运维效率。如英国一些大型海上风电开发企业（如 London Array Limited、Dong Energy 等）开发的伦敦矩阵海上风电项目（London Array Offshore Windfarm）规模巨大，包含 175 台海上风力发电风机，单机发电能力 3.6MW，总发电能力达到 630MW。该项目占地规模超过 107km²，风电场中心离岸最小距离达到 27.6km。该风电项目成立了独立的海上风电管理公司进行该项目日常维护与管理。

（2）运维托管模式。部分风电场采取委托运维方式，丹麦、英国等国家培育了大量海上风电场综合运维服务公司，如丹麦 MHI Vestas Offshore Wind A/S 公司，法国 GE Renewable

Energy 公司,可同时为多个大型风电场提供风机运维服务,并提供相应技术支持和设备保障工作。业主将建成后的风电场委托给专业海上风电场运维管理公司或其旗下的运维子公司,通过一对多的方式解决运维设备日常管理问题,有效降低了运维设备的闲置率。目前,丹麦多个风电场采用该模式进行风电场日常维护管理,该模式的优势在于能够降低中小型海上风电场日常运维成本,提高运维效率,运维技术及运维能力也可以得到更好的保障。

(3)海上运维中心模式。由于荷兰及其他欧洲发展风电国家目前开发的风电项目多集中在北海水域,该水域风电集中度较高。为能够进一步降低海上风电场运维成本,由荷兰提出了一种新的海上风电场运维模式(图 2-10)。

该模式主要设想是在 2027 年以前在北海水域修建面积超过 $2.3km^2$ 的海上综合运维浮岛(North Sea Power Hub)。该浮岛兼具海上升压变电及日常风机维护等多项功能,并为运维人员提供日常生活场所和所需生活设施。据推算,该运维中心的建成可以降低 80% 的海上人员交通成本以及 40% 海上电力传输成本。

(4)运维中心(港口、船)+高速交通模式。该模式由各风电场业主单位派驻人员进入运维中心,并以配套高速交通设施为保障,对附近风电场形成辐射。该模式的高速交通设施包括远海运维船舶、小型高速交通艇、直升机等,其模式如图 2-11 所示。

图 2-10　荷兰海上风电场综合运维浮岛

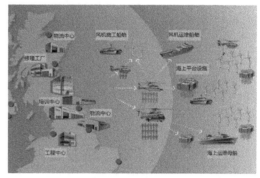

图 2-11　运维中心辐射各风电项目示意图

第3章　我国海上风电建设现状及安全监管需求分析

3.1　我国海上风电发展历程及现状

我国海岸线长约18000km,可利用海域面积300多万平方公里,具有丰富的海洋风能资源潜力,以及较好的消纳能力,决定了我国海上风电的广阔发展前景。我国海上风电场建设起步相对较晚但发展非常迅速。我国海上风电从2007年起,在渤海湾安装一台金风试验样机。2007年5月,国家发改委召开江苏海上风电建设专题会议,要求加快海上示范风电场建设的前期工作。龙源电力积极响应国家号召,采取"先试验、后示范"的开发思路。2008年5月,在江苏组建海上风电项目筹建处,2010年3月正式成立江苏海上龙源公司,专门推进如东海上(潮间带)试验风电场项目建设。2009—2010年,江苏龙源集团在江苏潮间带建设了

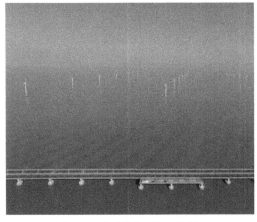

图3-1　上海东海大桥海上风电场图

32.5MW试验风电场,共安装16台试验样机。我国海上风电场起步较晚,但发展速度惊人。我国总投资23.65亿元的第一个海上风电场项目——上海东海大桥102MW海上风电场示范工程于2008年9月正式开工建设,于2010年7月6日并网发电,标志着我国基本掌握了海上风电的工程建设技术。上海东海大桥10万kW海上风电项目是全球欧洲之外第一个海上风电并网项目,也是我国第一个国家海上风电示范项目,为我国后续大规模发展海上风电积累了经验(图3-1)。

在之后的3年里,各个风电场相继建成,我国建设的第一个潮间带水域风电项目——龙源江苏如东150MW海上(潮间带)示范风电场于2010年12月6日获得国家发改委的核准,其中一期100MW工程选用17台华锐3MW风机和21台西门子2.38MW风机于2011年6月21日正式开工建设并于同年11月23日投产发电;二期50MW工程选用20台金风科技2.5MW风机,经过4个月的建设,于2012年11月23日投产营运(图3-2)。2012—2013年期间我国海上风电场建设进程相对放缓,2014年,我国海上风电新增并网容量23万kW,全部位于江苏省,实际装机总量达657.88MW,占全球装机容量的7%,产业已初具规模。2015年,我国海上风电新增装机容量为36万kW,主要分布在江苏省和福建省。2016年,我国海上风电新增装机154台,容量达到59万kW,同比增长64%,已建成海上风电累计装机容量达163万kW。2010—2019年,我国海上风电新增和累计装机容量统计如图3-3所示。

截至 2019 年底,我国海上风电并网容量为 5930MW,位列全球第三位,仅次于英国与德国,在建项目中,我国以总容量 3662MW 位居全球第一。根据我国《风电发展"十三五"规划》,"十三五"期间我国将积极稳妥地推进海上风电建设,重点推动江苏、浙江、福建、广东等省的海上风电建设,到 2020 年四省海上风电开工建设规模均达到百万千瓦以上;积极推动天津、河北、上海、海南等省(区、市)的海上风电建设;探索性推进辽宁、山东、广西等省(区、市)的海上风电项目。到 2020 年,全国海上风电开工建设规模达到 1000 万 kW,力争累计并网容量达到 500 万 kW 以上。

图 3-2　江苏如东潮间带风电场

图 3-3　我国海上风电 2010—2019 年新增和累计装机容量

我国海上风电场建设选址相对集中,目前建有或计划建设海上风电场项目的省(区、市)主要有江苏省、福建省、浙江省、上海市、广东省等,截至 2019 年各省(区、市)累计并网装机容量(GW)如图 3-4 所示。

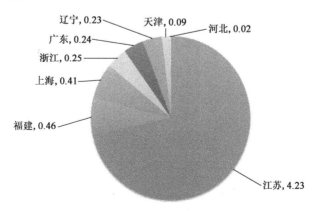

图 3-4　我国海上风电场项目各省(区、市)累计并网装机容量情况(截至 2019 年)

根据《中国"十四五"电力发展规划研究》,我国将主要在广东、江苏、福建、浙江、山东、辽宁和广西沿海等地区重点开发 7 个大型海上风电基地,2035 年、2050 年总装机规模分别达到 71GW、132GW。

3.2 我国海上风电建设流程及主要风险要素

经广泛调研咨询可知,并根据海上风电建设和生产不同阶段与通航安全的关联性,可将海上风电场开发分为 5 个阶段,即项目规划论证审批、勘察设计、施工建设、运营维护以及弃置拆除。

3.2.1 规划论证审批阶段

海上风电场规划论证审批阶段是对海上风电项目进行前期可行性论证,获得相关主管部门同意支持,并得到政府部门核准的阶段。本阶段是项目落地阶段,涉及工作内容较为复杂,涉及政府主管部门较多,包括:能源部门、发改部门、海洋部门、海事管理部门等。在获得政府主管部门审核(批)意见,通常需要提供由专业机构出具的项目调研评估或可行性研究报告,典型包括:预可行性研究报告、可行性研究报告、海洋环境影响评价、社会稳定风险评估、通航安全影响专题论证等。海上风电项目审批流程见图 3-5。

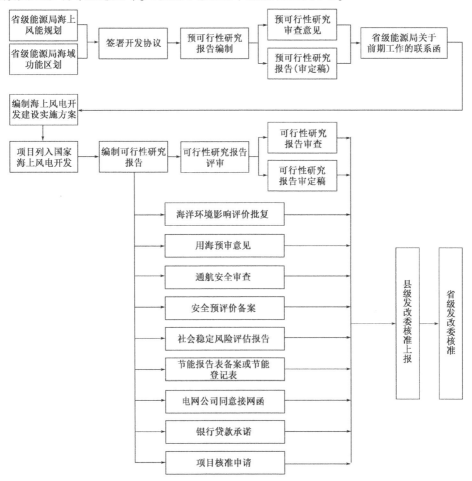

图 3-5 我国海上风电项目审批流程

规划审批阶段需要确定工程选址及风电场占据水域范围,其与船舶通航安全的关联性极强,对港口当前发展和未来规划、水域功能冲突、船舶航行操纵影响、船舶电子设备干扰、海事监管设备干扰、人员应急搜救等方面可能存在直接影响。根据国外风电建设及管理经验,该阶段针对通航安全影响开展专题研究对增强规划选址的科学性具有不可替代的作用。

本阶段存在的主要风险在于选址是否科学,具体包括:

(1)业主单位对海上风电项目和通航安全之间的影响关系认识不足,未能及时和海事管理机构、海洋部门等进行沟通协调,导致后期修改或调整规划,造成资金浪费。

(2)相关单位(特别是可行性研究报告编制单位)对船舶航路及船舶操纵特性认识不足,忽视船舶习惯航法、船舶制动转向特性、小型船舶航行特点等因素,导致风电场建成后附近水域安全隐患明显增加。

(3)利益相关方沟通协调不及时或不充分,导致项目选址和港口水域发展规划在后期形成较大冲突,影响项目后期的建设与运营。

(4)未能及时告知海事管理机构在项目规划审批阶段及时有效地参与风电选址规划工作并提出与之相关的意见和建议,后期工作开展中与海事安全监管要求相差较大。

(5)数据缺失或不准确(如小型船舶未开启 AIS、VTS 雷达性能参数不准确)导致通航安全相关专题研究结论的科学性不足,最终影响海上风电选址的科学性。

3.2.2　勘察设计阶段

在获得项目许可后即可开展项目设计、预算与勘察阶段。此时,项目开发方可以通过招投标的方式与风电场机组制造商、风电场开发商和建设承包商等进行协商,对项目开展勘察、设计和投资估算。

海上风电场的勘察主要包括海洋气象观测、海洋水文勘测、工程地质勘查、工程测量、工程物探、工程钻探、岩石试验和测试、现场检验和监测等工作内容。工程勘测应在收集分析基础资料的基础上,查明场区的气象、水文和工程地质条件,为风电场建筑物布置和基础设计、地基处理提供依据。勘测工作深度应与相应设计阶段的工作要求相适应,并应保证勘测周期和勘测工作量。海上风电场工程勘测应符合国家标准等有关标准的规定。

海上风电场的设计主要包括基础资料收集、风能资源评估及不确定性分析、电力系统设计、场址选址及布置、风电机组选型及布置、海缆路由布置、升压站和集控中心布置、运维码头和施工基地布置、灯光、助航和标识设计以及施工组织设计等工作。海上风电场的设计应以支持性文件、电网的技术要求、工程相关设备、水文、气象、地质等基础资料为设计依据,风电机组基础设计使用年限应不少于 25 年,环境荷载应采用 50 年设计基准期,而海上升压站设计使用年限为 50 年,环境荷载应采用 100 年设计基准期。海上风电场的设计应符合相关标准规定,选用的施工建材及设备标准可参照中国船级社(CCS)颁布的《海上风电设施检验指南》,风力发电机组的设计标准可以参考 CCS 颁布的《海上风力发电机组认证规范》。

本阶段存在的主要风险在于测风塔布设及导助航标志设计,具体包括:

(1)测风塔布设未充分考虑其与水域通航环境影响,对测风塔与船舶交通流、推荐航路之间的冲突考虑不充分。

（2）测风塔标识不突出或是未及时发布航行警告,导致船舶在使用自动舵航行或能见度不良时与测风塔碰撞的风险大大增加。

（3）对附近船舶航行习惯或船载仪器设备特性考虑不足,导致海上风电场水域导助航标志设计的科学性不足。

（4）对船舶习惯锚泊水域及应急抛锚情形考虑不足,导致电缆路由、埋设深度及对锚泊船主动提醒装置等方面设计的科学性不足。

3.2.3 施工建设阶段

海上风电场的施工流程一般为:施工前期准备(包括风机配件运输)→风机基础施工、海底电缆施工→风机部件基地码头预组装→风机安装→风机调试、投产发电→工程竣工。主要施工内容如下。

（1）风机基础土建及金属结构安装:风机基础土建及金属结构安装工作内容为风机基础、承台等主体工程的土建、金属结构制作与安装,以及相应的施工辅助设施安装等。其中,风机基础土建包括钢管桩制作及施工、混凝土承台施工、基础环(含连接段)安装、预埋件埋设、安全监测设备埋设。

（2）海缆敷设:海缆敷设的主要工作内容为海缆提货运输、海缆敷设、水泥沙袋沉放、海缆保护套管安装、盘缆区以及相应的施工辅助设施等。根据设计路径进行现场放样与优化、复合缆沟、槽的开挖、海缆的敷设与固定、表面防护。在电缆路径两侧海底需要沉放水泥沙袋。

（3）风机安装:风机安装施工包括机舱、塔筒、叶片等风电机组部件接收与运输、风机安装调试以及相应的施工辅助设施安装等工作。风机安装方式可分为整机安装和分体安装。整机安装流程为:在海底打桩,安装基座;在岸上将塔筒、机舱和叶片装配好,进行风机整体测试和调试;将风机整体运输至风电场,然后吊装在基座上。分体安装法流程为:在海底打桩,安装基座;将风机各部件运输至风电场;吊装塔筒,吊装机舱和叶片,完成组装、测试及调试。

（4）测试联调阶段:在安装工程完成后需要对风电场单台机组进行运行性能测试、通信测试、输变电能力测试、单台机组与岸上监控中心的测试、整个风电场的联调测试、整个系统的并网测试等,这些测试工作是保证项目正式顺利投运的重要前提。

本阶段涉及的海上工作环节多、影响水域大、周期长、工艺复杂、风险高。海上风电施工建设阶段主要风险要素包括:

（1）施工人员安全意识问题。施工人员对海上风电施工的安全生产意识不够强,对海上风电施工条件与施工环境特殊性以及不同施工环节的重要风险隐患认识不足,对施工过程中相关的规程、要求以及注意事项重视不够。

（2）船员适任及施工人员技术能力问题。海上风电涉及施工船舶较多、风机安装调试专业性强,因此船员必须满足适任条件并熟悉风电施工技术规范和要求,风机安装调试人员必须具有良好的知识素养与技术能力。

（3）船舶适航问题。海事风电施工涉及导管或承台基础安装船、风机吊装船、组建运输船、海缆敷设船、配件物质及人员运输船、施工警戒船等,这些船舶必须满足施工水域适航条件,施工船舶技术参数满足相关标准规范要求。

（4）施工水域现场管理。施工水域划定及施工警戒方案需要具有科学性,针对施工参与单位及人员制定协调机制,进行统一管理。施工期间附近水域的船舶通航方案也要求科学可靠,如及时发布船舶航行警告等。

（5）施工作业条件标准及应急预案制定。施工作业条件标准需要根据施工工艺及施工船舶特点科学制定,针对恶劣天气及可能的事故类型,需要制定科学的应急预案并要求施工人员贯彻实施。

3.2.4　运营维护阶段

在风电场建设完成后,需要对风电场进行运营维护和管理。通常,海上风电场业主单位会与风电制造商签订合同,风电机组具有一定的质保期,在此期间机组制造商负责风电机组的维护和检修工作。在超出质保期规定的时间范围后,业主自身需要对风电场进行维护和管理,也可以选择项目承包方来进行风电场管理。运维管理机构应该根据海上风电场规模、海况和风资源特点,结合实际设备状况,设计合理运维方案,确定运维管理模式,优化风电设备运行。

风电场维护包括巡视和定期维护,主要工作内容如下:

（1）根据风电场海域的海洋水文信息和气象信息等情况,确定维护计划。

（2）检查风机基础及其安全监测系统。

（3）检查钢结构基础防腐外加电流系统或阴极保护系统。

（4）检查、维护和管理海上风电机组和海上升压站平台生产、生活辅助设施。

（5）检查海缆监控系统。

（6）检查海底稳定及冲刷情况。

（7）检查海上作业交通工具、助航标志及靠泊系统。

（8）检查海上救生安全器具。

风电场巡视分为日常巡视和特殊巡视。日常巡视是指风电场运营单位制定日常巡视制度,对风电机组、水面以上风电机组基础、海上升压站设备、风电场测风装置、升压变电站、场内高压配电线路进行巡回检查。特殊巡视是指当发生风暴潮、台风、海洋水文气象异常等情况,或风电机组、海上升压站非正常运行,或风电机组进行事故抢修,或设备投入运行后,需要增加特殊巡视检查内容(必要时增加特殊巡视次数)。

对于风电场定期维护而言,维护周期的确定相当重要。维护周期越短,运维船作业和航行风险越大,但运维周期过长将导致无法及时掌握风电场相关设施的故障情况,不利于风电场的维护管理。在制定风电场定期维护周期应注意:

（1）风电机组和其他关键部件应按照维护手册进行定期维护,定期维护间隔时间一般不超过一年。

（2）整个风电场所有部件(包括海缆)在5年内至少检查一次。

（3）维护周期应根据上次定期维护的结果、设备设计寿命、等效运行时间及运行年限进行适当调整。

海上风电运营维护阶段主要风险包括:

（1）运维工作人员安全意识问题。运维工作人员对风电水域通航环境特殊性与复杂性重视不够,对海上风电运维过程中的安全隐患认识不足。

（2）船员适任及技术人员技术能力和水平。运维船舶通常为小型渔船或工作船，其船员必须满足相关任职条件；技术维护人员必须接受特殊培训以适应海上工作环境，掌握海上工作的基础知识。

（3）运维船舶适航问题。运维船舶必须满足相关技术要求和规范，建议尽量使用专用运维船舶，而且运维船舶不能超载运行，同时船上需要配备足够的救生设备。

（4）运维工作条件标准设置。科学确定运维作业工作条件是保障安全的前提，面对不同的工作条件，特别是海况气象条件，需要针对性地采取不同的运维方式。

（5）风电场水域船舶交通管理手段和效率。对风电场内部水域小型船舶航行、风电场附近水域大型船舶安全航行及船舶交汇情况，应制定科学管理方法。针对恶劣天气情况，有必要制定恶劣天气情况下的船舶交通管理手段和方法。

（6）导助航设施工作有效性。导助航设施应能为过往船舶提供有效的指示，特别是在能见度不良天气情况下，防止过往船舶误入风电场区域。因此有必要对导助航设施进行实时监控，在导助航设施失效后及时进行修复。

（7）风电场水域监测监控手段有效性。风电场水域监测监控手段应能对风电场附近商船、小型船舶、运维船舶等进行有效的监测监控，包括恶劣天气情形下的监控。

（8）应急预案及搜救方法科学性。应急预案及人员搜救方案应根据风电场水域风机布置情况科学制定。

3.2.5 弃置拆除阶段

一般而言，测风塔的使用寿命为 5 年左右，风电场设施的使用寿命为 25 年，海上风电场的使用年限届满后，海洋管理部门和业主单位需处置弃置的海上风电场，风机机组、塔筒、叶片和电缆都将被拆除、出售或回收，风机基础将被削减到海床以下，并进行收集，风电场海域也将恢复到其原始状态。拆除的所有风机部件和基础将运至附近的码头基地，部分部件将尽可能作为其他风机零部件循环使用。海上风电场的拆除和销毁一般包括前期准备、风机拆除、基础和过渡段拆除、升压站拆除、电缆拆除、冲刷保护、场址清理和验证以及材料处理等内容，其一般流程如图 3-6 所示。

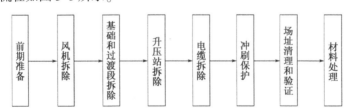

图 3-6 海上风电场拆除流程

从测风塔结构种类来看，拆除的结构类型基本上有三种：桩基础测风塔、重力式基础测风塔、吸附筒式测风塔。其中，重力式基础测风塔拆除最为困难。海上测风塔的拆除分为设备及上部结构拆除、导管架以及桩基础拆除。测风塔拆除按照从上往下的原则，在保证上部铁塔稳定安全的情况下，可以按照上部塔架安装的顺序倒序拆除，即：设备—支架—分层拆除桁架。下部基础按照水上导管架以及水下桩基分别拆除。在进行各类结构的拆除时，均需根据原图纸和安装方案，确定重物的质量、重心，进行精确配扣，制定出起吊方案。起吊作业对天气要求较为严格,应结合起重船的起重能力,确定起吊程序。起吊时,应密切关注组块固定点是否完全切开,应急人员应在附近待命。

风机弃置拆除阶段的主要风险要素包括:

(1)工作人员安全意识及技术能力问题。风机拆除工作人员对各个工作环节的风险认识不足,或是工作人员技术能力、水平和经验欠缺,对相关工作规程掌握程度不高等。

(2)施工船舶适航及安全操作问题。施工船舶应满足相关技术规范和标准的要求,按照相应的规程对船舶进行操纵。

(3)工作规程制定及落实问题。风机弃置拆除涉及拆解、吊装等多个程序的紧密衔接,需要严格工作规程来保障工作安全有效,此外,针对不同的工作条件和天气标准也需要进行明确规定并要求工作实施人员严格遵守规定。

(4)应急预案及搜救方法科学性。根据风电场水域实际分布及风机布置情况,制定科学应急预案及人员搜救方案。

3.3　我国海上风电建设相关制度

当前,我国海上风电场相关制度建设的主要相关单位有国家海洋局、国家能源局、交通运输部海事局等,相关制度法规和文件分类整理如下:

3.3.1　前期规划论证方面

(1)国家能源局、国家海洋局印发的《海上风电开发建设管理办法》(国能新能〔2016〕394 号)。

为进一步完善海上风电管理体系,规范海上风电开发建设秩序,促进海上风电产业持续健康发展,国家能源局、国家海洋局于 2016 年 12 月 19 日联合印发了《海上风电开发建设管理办法》。该办法共有 8 章 37 条规定,适用于沿海多年平均大潮高潮线以下海域的风电项目,包括在相应开发海域内无居民海岛上的风电项目,涉及海上风电发展规划、项目核准、海域海岛使用、环境保护、施工及运行等环节的行政组织管理和技术质量管理。

该办法明确提出,海上风电场应当按照生态文明建设要求,统筹考虑开发强度和资源环境承载能力,原则上应在离岸距离不少于 10km、滩涂宽度超过 10km 时海域水深不得少于10m 的海域布局。在各种海洋自然保护区、海洋特别保护区、自然历史遗迹保护区、重要渔业水域、河口、海湾、滨海湿地、鸟类迁徙通道、栖息地等重要、敏感和脆弱生态区域,以及划定的生态红线区内不得规划布局海上风电场。

根据该办法,国家能源局统一组织全国海上风电发展规划编制和管理;会同国家海洋局审定各省(区、市)海上风电发展规划;适时组织有关技术单位对各省(区、市)海上风电发展规划进行评估。该办法鼓励海上风能资源丰富、潜在开发规模较大的沿海县市编制本辖区海上风电规划,重点研究海域使用、海缆路由及配套电网工程规划等工作,上报当地省级能源主管部门审定。

同时,该办法指出,各省(区、市)海洋行政主管部门,应根据全国和各省(区、市)海洋主体功能区规划、海洋功能区划、海岛保护规划、海洋经济发展规划,对本地区海上风电发展规划提出用海用岛初审和环境影响评价初步意见。该办法还强调,海上风电项目建设用海应遵循节约和集约利用海域和海岸线资源的原则,合理布局,统一规划海上送出工程输电电缆通道和登陆点,严格限制无居民海岛风电项目建设。项目单位在提出海域使用权申请前,应当按照《中华人民共和国海洋环境保护法》《防治海洋工程建设项目污染损害海洋环境管理条例》、地方海洋环境保护相关法规及相关技术标准要求,委托有相应资质的机构编制海上风电项目环境影响报告书,并报海洋行政主管部门审查批准。

(2)国家能源局印发的《全国海上风电开发建设方案(2014—2016)》(国能新能〔2014〕530号)。

为落实风电发展"十二五"规划,做好海上风电发展工作,根据《海上风电开发建设管理暂行办法实施细则》,结合沿海地区风能资源、项目前期工作进展和海上风电价格政策,国家能源局于2014年12月8日编制了《全国海上风电开发建设方案(2014—2016)》,包括44个海上风电项目,总容量1053万kW,列入开发建设方案的项目视同列入核准计划,应在有效期(2年)内核准。在有效期内尚未完成核准的项目须说明原因,重新申报纳入开发建设方案。对于今后具备条件需纳入开发建设方案的新项目,待开发建设方案滚动调整时一并纳入。

(3)《海上风电场工程可行性研究报告编制规程》(NB/T 31032—2012)。

为统一海上风电场工程预可行性研究报告编制原则、工作内容和深度,规范和指导海上风电场工程预可行性研究设计,根据《国家发展和改革委办公厅关于印发海上风电开发建设协调会纪要的通知》(发改办能源〔2009〕1418号)的安排,水电水利规划设计总院组织了《海上风电场工程预可行性研究报告编制规程》(NB/T 31031—2012)的编制工作。本标准是在国家有关标准和技术规定的基础上,结合国内外近年来海上风电场工程开发建设实践,并经广泛征求和综合各方意见和建议,对《近海风电场工程预可行性研究报告编制办法(试行)》进行修订而成。

该标准主要内容包括:总则,术语,基本规定,综合说明,风能资源,海洋水文,工程地质,工程任务和规模,风电机组选型、布置及风电场发电量估算,电气,工程消防设计,土建工程,施工组织设计,工程建设用海及用地,环境保护设计,劳动安全与工业卫生,节能降耗,设计概算,财务评价和社会效果分析,工程招标等。

3.3.2 建设施工方面

(1)《海上风电场工程施工组织设计技术规定》(NB/T 31033—2012)。

为合理开发利用海上风能资源,规范和指导海上风电场工程开发建设,满足我国海上风电场工程施工组织设计技术方案编制的需要,规范海上风电场工程施工组织设计工作,保证设计质量,国家能源局和水电水利规划设计总院于2013年3月制定了该标准。该标准规定了海上风电场施工组织设计应遵循的设计原则、设计方法和技术要求,主要内容包括施工交通运输、施工围堰、主体工程施工、施工总布置、施工总进度等。

(2)《铺设海底电缆管道管理规定》(国务院令第27号)。

为合理开发利用海洋,有秩序地铺设和保护海底电缆、管道,制定本规定,该规定适用于在中华人民共和国的内海、领海及大陆架上进行海底电缆、管道铺设及以为铺设所进行的路由调查、勘测及其他有关活动的任何法人、自然人和其他经济实体。中华人民共和国国家海洋局及其所属分局以及沿海省、自治区、直辖市人民政府海洋管理机构是实施本办法的主管机关。

3.3.3　运营管理方面

《海上风电运行维护规程》（GB/T 32128—2015）。该标准规定了海上风电场运行维护基本技术要求，适用于近海、潮间带及潮下带滩涂海上风电场。

3.3.4　海事监管方面

2017 年 12 月 25 日，交通运输部海事局出台了《关于加强海上风电场海事安全监管的指导意见》，内容包括合理建议海上风电场项目规划选址、依法监管海上风电场施工作业活动、加强海上风电场通航安全管理、推进海上风电场协调联动工作等方面。该意见强调要坚持主动作为，从支持海洋经济发展的全局出发，加强与地方政府和行业主管部门的沟通协调，积极推动海上风电场项目规划和选址建设，推动海上风电产业健康发展建言献策。针对海上风电场建设的技术特点和专业属性，督促风电场业主、建设和管理单位采取有效安全措施，加强风电场海域交通安全管理，从源头上落实海上交通安全主体责任，提高海上交通安全管理水平。落实"放管服"改革精神，加强事中事后监管，依法履行海事管理职责，保障辖区海上交通安全畅通。

总体来看，从海上风电场安全监管的角度出发，我国的海上风电相关规定和制度取得积极进展，在海上风电选址、规划、建设、运维及弃置等方面工作做了一定的规定和要求。同时，现行制度体系的完备性、协同性等方面还存在一定的不足，如审批立项参与方及其责任、专题论证评估方法流程、运维管理模式及责任、海上风电与航路距离要求等还不够明确，需要进一步完善。

3.4　我国海上风电项目海事安全监管现状分析

当前，我国海上风电的规划、建设及营运通航安全管理主要依据《中华人民共和国海事行政许可条件规定》《中华人民共和国水上水下活动通航安全管理规定》《涉水工程施工通航安全保障方案编制与技术评审管理办法》等开展相关工作。不同海事管理部门在海事监管方面的做法基本相同，通过走访调研，对我国海上风电项目海事安全监管经验做法总结如下：

（1）海上风电场前期规划阶段相关工作及海事管理部门介入情况。

海上风电场前期规划阶段主要包括场址选择、确定建设条件和建设方案、规划装机容量、环境影响初步评价以及通航安全评估等工作，涉及建设单位、设计单位和施工单位等。调研发现，业主单位对于陆上风电场和海上风电场的差异性认知不够深刻，与海事管理部门的衔接较为薄弱。海事管理部门虽然能对风电场前期规划工作提出一些意见，但就介入深度而言，海事管理部门与业主单位之间沟通及时性、有效性还有待进一步增强。考虑到海上风电场前期规划阶段对风电场水域的通航安全至关重要，海事管理机构通常会组织开展专题论证和研究为风电场建设提供支撑。

（2）海上风电场施工期通航安全保障措施和手段。

制定海上风电场施工期的通航安全保障措施对风电场水域施工安全和船舶航行安全至关重要。常规经验做法包括：为确保船舶适航，海事管理机构对风电场建设的施工船和运输船进行严格的检查；在施工船和运输船航行至风电场施工水域的过程中，采取拖船护航的方式予以协助;在海上风电施工期间定期发布航行警告,提醒过往船舶避开风电场施工水域航行,安排巡逻艇在风电场周边水域巡航和现场监管。对于业主单位而言,一般是在风机周围设立警示或助航标志,划分安全作业区域,避免过往船舶与施工水域距离过近。同时,指定若干艘警戒船舶在风电场施工水域待命,密切关注施工动态和施工水域周围的船舶通航情况。

(3)业主单位对营运期海上风电场监测监控手段与方法。

目前,业主单位主要采取现代信息技术对海上风电场进行监测监控,包括无线通信、现场传感器、CCTV 监控以及雷达等。如在风电场的监控技术方面较为完善,其在风电场中安装激光雷达和 CCTV 监控设备,全面覆盖风电场水域,对风机的运行状态和船舶在风电场内部的活动进行监控,尤其是监控运维船的实时作业,在每艘运维船上均安装 AIS 设备,在进行风机维修作业时,运维船需打开 AIS 设备,以便监控中心了解运维船动态,及时提醒运维船注意周围来船以及距离风机较近的船舶。此外,还会定期派出巡检船在风电场周边水域巡查。

(4)海上风电场营运期运行维护方法及运维船舶管理。

运维船在海上风电场的运行维护阶段有着非常重要的作用,其航行和作业也是海上风电场建设整体流程中的关键风险点之一。风电场的运行维护主要包括两方面内容:一是日常维护,二是设备的检修和置换。业主单位每天均派出运维船进行风电场的运行维护工作,运维船的作业频率高,对通航安全存在一定的影响。运维船的管理涉及船员管理和船舶管理。运维船的船员管理存在船员不适任和配员不足等问题,需对船员进行培训,并确保船员数量足够、能力适任。

(5)海上风电场营运期防止船舶碰撞措施和方法。

为防止过往航行船舶与风机碰撞,通常在海上风电场的敏感位置如风电场拐角处以及距离航道较近的风机上设置雾笛,并在这些风机附近设置航标灯和浮漂。也有在靠近航道或者风电场外围的风机上装备 AIS 设备,并设立灯桩和灯带。在能见度不良时,灯带发出的光具有良好的穿透性,能够对航行于风机附近的船舶起到一定的警戒作用。

(6)海事管理部门针对海上风电场营运期监管措施和手段。

针对海上风电场营运期安全监管,海事管理部门主要采取现场监管和远程监控的手段。现场监管主要关注从场区内穿行的小型船舶和场区附近的过往船舶。海事管理部门通常定期派出巡逻艇在风电场周边水域巡航,对于距离风机较近的船舶及时予以提醒。远程监控主要借助 VTS 和雷达。及时提醒船舶避开危险区域航行。虽然风机能够对雷达产生遮蔽效应和干扰作用,但通过调研发现,风机对雷达的电磁波干扰较小。当前,对运维船的安全监管是海事管理部门面临的难题。海事机构通过跟踪运维船的 AIS 航迹,掌握并监控其航行动态。

3.5 我国海上风电项目通航安全监管需求分析

与国外相比,我国海上风电建设起步较晚,在相应的法律法规及制度标准建设方面较为滞后。国际上较早开展风电建设项目的欧洲在选址规划风险评估、施工安全保障、运营期助航标志配布、运维船管理等方面积累了较多经验,形成了系列规定或规程。

基于对我国海上风电发展现状调研,对比国外经验做法,我国海上风电从规划、建设、运营到弃置全基于对生命周期的通航安全监管需求分析如下:

3.5.1　管理部门职责需要进一步明确,并形成有效协同机制

海上风电开发涉及领域众多,需要综合考虑能源、经济、海洋、通航、渔业和港口等多个方面因素,相关管理部门和利益相关方众多,因此,在进行海上风电开发时需要统筹协调各相关方意见,就风电开发和建设可行性进行充分论证。国外一些早期开发海上风电场的国家已经在该领域摸索出一套高效的海上风电开发管理模式,从而明确了海上风电建设开发管理流程以及各管理部门间权责划分。在海上风电开发典型国家中,如英国的海上能源开发项目管理统一由英国公共资产管理部门(Crown Estate)进行管理协调,并统一进行海上风电场开发批准、建设管理和安全等方面的管理。相关部门如海岸警卫部(MCA)、健康安全部(HSE)、能源与气候变化部(DECC)等部门就各自与海上风电相关的具体权责进行明确划分并出台相应的法律法规,制定相应的标准。

目前,我国在海上风电管理方面涉及部门较多,存在信息沟通不及时等多方面问题,尤其是在风电规划阶段,各部门意见需做好统筹协调。此外,我国对于海上风电场在建设和运维期间的安全监管责任尚不明确,海上风电场安全保障管理相关标准缺失。根据目前共识,风电场水域属于业主单位的工作场地,业主单位应作为主要责任主体,海事监管侧重于风电场附近水域的通航安全。

近年来,国内外海上风电安全事故时有发生,安全生产形势严峻。海上风电场建设对通航安全存在一定的影响,这应引起业主单位和海事机构的充分重视,海事机构加强对海上风电场全生命周期的安全监管工作是非常有必要的。为理顺相关部门安全监管职责,建议从国家层面进一步明确海上风电安全监管边界。在横向上,科学划分海事、渔政、能源等部门职能,通过修订完善相关法律法规,进一步明确各部门之间的责任边界,构建"无缝隙"的安全监管体系。在纵向上,根据属地监管原则,进一步明确行业管理部门和地方政府在海上风电上的事权和责任,并建立综合海上风电审批与管理体系。

3.5.2　海上风电项目选址规划科学性需要更加有力的保障和加强

目前,在国外各大海上风电场的建设中,相关国家均已有或正在筹划出台国家海上风电选址评估标准,在国家层面对海上风电建设选址进行规范。早在 20 世纪 90 年代,国外一些研究机构就通过借鉴学习海上钻井平台风险评估方法,提出了很多针对海上风电场的风险评估方法和模型,并根据评估结果对实际通航环境进行调整和改进。如荷兰所有海上风电场开发选址工作均由荷兰政府进行统筹管理和评估,从而有效地降低了海上风电场建设对自然环境和通航环境的影响,提高了海上风电资源利用效率。经过多年来的不断研究与改进,这些安全评估方法已经能够成熟地运用在海上风电场安全综合评估中。

目前,我国对于该领域的研究尚处于起步阶段,针对海上风电场建设运行阶段对船舶通航和环境的风险评估方法和标准不统一。国家虽然已对我国沿海水域海上风电建设项目进行了近、远期规划,但对于具体实施及选址评估方面的指导和评估方法仍有很大欠缺,尤其是在海上通航安全评估方面没有一套成体系的选址评估方法。随着我国进一步加快海上风电建设进度,越来越多的海上风电场项目将投入使用,这可能对附近功能水域及通航环境造

成很大影响。我国在海上风电场安全评估领域应当结合规划建设实际情况,提出符合我国实际环境的海上风电场安全综合评估方法,进一步提高海上风电选址评估的规范性和项目选址规划的科学性,为风电场的选址建设和运维管理提供充分的参考依据。从国家层面出台海上风电场选址和建设评估指导将有利于加强海上风电行业规范,提高风力资源和海洋资源利用率,为我国海上风电长期可持续地发展打下坚实基础。

3.5.3 法律法规及标准规程体系化建设应该持续推进

目前,国家能源部门已就海上风电建设出台了相关的指导意见,但主要在海上风电建设、施工方面进行了相应的规范,并未考虑船舶通航安全管理、施工作业期间船舶管理等方面的问题。基于我国行政管理体制来看,部分部门虽已就海上风电管理出台了相应的建议和要求,但不能综合覆盖海上风电建设的各个方面,尤其是在海上风电场建设各阶段对通航安全管理方面,如助航标志建设规范、运维船舶建造规范及配员标准、海上升压站通航安全保障技术标准等。

早期发展海上风电的国家中,英国、丹麦、荷兰和德国等已经建立起一套成熟的海上风电管理法律法规,并形成了完整的海上风电各阶段管理标准和规范体系。如英国海上风电场标准体系总则由公共资源管理署(Crown Estate)制定,各管理部门分别制定管理权限内的标准准则。其中,具有代表性的就是 MCA 制定的关于海上风电通航安全管理标准 MGN-543,该标准目前已被许多国家参考借鉴。除此以外,英国国家安全与健康管理部、能源与气候变化部从人员培训安全(Training for Emergencies on Offshore Installations Offshore Information Sheet No. 1/2014-HSE)、海上风电场船舶通航安全风险评估(Methodology for Assessing the Marine Navigational Safety Risks of Offshore Wind Farms-MCA)、海上风电灯标信号布设标准(Standard Marking Schedule for Offshore Installations-DECC)等多个方面制定了相关法律和标准规范。参与英国风电标准制定的还有英国可再生能源协会,其制定的 Wind Turbine Safety Rules Third Edition 等标准也在英国风电管理起到了一定指导作用。后期一些发展海上风电国家,如美国也在积极学习欧洲国家海上风电法律法规体系。

整体来看,制定海上风电相关的法律法规及建设标准化体系是开发海上风电最基础的保障,只有在相关法律法规健全、标准体系建设完善的前提下,才能有效推进海上风电建设的稳步发展。我国目前虽然已制定了许多规范,但与早期发展海上风电国家相比仍然存在很大差距。我国制定相关法律法规及建设标准化体系迫在眉睫。

3.5.4 风电施工水域运维管理模式及管理手段研究需进一步加强

海上风电场建设开发的各个阶段对附近船舶通航环境的影响不尽相同。在海上风电场施工阶段,通航安全主要风险点包括施工船和运输船航行风险、船舶与风机碰撞风险以及施工水域作业风险等。管理部门应重点关注施工船舶及施工设备运输船舶对附近通航船舶的航行干扰与水域侵占问题,以及警戒设施和助航设施布设等问题。在海上风电场营运阶段,我国很多海上风电场项目仍然存在着租赁渔船或其他不符合标准的小型船舶充当运维交通船舶以及船舶驾驶员不适任等问题。管理部门应加强运维船的安全管理,进一步优化监管手段。

第4章 海上风电与船舶碰撞概率分析

4.1 模型输入与输出

确定船舶与海上风电场碰撞概率模型的输入和输出是实现模型构建的一个关键环节。模型输入主要是指对船舶与风电场碰撞概率存在影响的人为、船舶、交通环境和自然环境因素。模型输出是指船舶与风电场动力碰撞概率、漂移碰撞概率、总体碰撞概率以及各类碰撞概率随主要因素的变化规律。对船舶与海上风电场碰撞过程分析可知,船舶与风电场碰撞场景包括动力碰撞和漂移碰撞两种类型,以下将分别针对两类碰撞场景碰撞的概率模型进行模型输入分析。

4.1.1 动力碰撞模型输入

动力碰撞是指船舶在不断靠近风电场的过程中,没有采取避碰措施或者采取了一系列措施之后仍然未能成功避碰。根据船舶与风电场碰撞过程,动力碰撞模型应至少包括船舶模块、风电场模块、航路模块以及避碰措施失效模块。动力碰撞模型输入参数如图4-1所示。

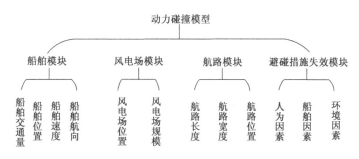

图 4-1 动力碰撞模型输入参数

船舶模块输入主要包括船舶交通量、船舶位置、船舶速度和船舶航向。船舶交通量决定了与风电场发生碰撞的船舶数量。船舶位置是确定船舶与风电场距离的重要参数,而船舶与风电场的距离是计算动力碰撞概率的一个主要参数,一般而言,距离越大,船舶与风电场发生动力碰撞的概率越小。

风电场模块输入主要包括风电场位置和风电场规模。其中,风电场位置、航路位置和船舶位置是决定船舶在航路中的分布以及船舶与风电场的距离的重要参数。通常风电场规模越大,船舶与风电场发生碰撞的概率则越大。

航路模块输入主要包括航路长度、航路宽度和航路位置。航路长度越长,一定速度下,船舶在航路上航行的时间越久,与风电场发生碰撞风险的概率越大。航路宽度越宽,船舶在航路中航行时,越有可能靠近风电场,从而与风电场碰撞的概率越大。航路位置是确定船舶方位的一个重要参数,通常与风电场位置参数相结合,用以确定航路与风电场的距离。

避碰措施失效模块与人、船、环境、管理因素均有所关联。以下主要考虑人为、船舶、交通环境和自然环境因素对船舶在有动力的情况下避让风电场失败的影响。人为因素包括船员瞭望、船员技能和船员精神状态等,主要是影响船舶发生航行失误的概率。一般而言,船员瞭望频率越高,船员技能越高,船员精神状态越好,发生船舶航行失误的概率也越小。船舶因素主要包括船舶航速、船舶吨位及船舶系统设备。交通环境因素则是指船舶与风电场的距离、船舶交通流密度及风电场附近导助航设施等,对船员及时发现海上风电场、准确判断碰撞危险以及采取适当避碰措施均有影响。自然环境因素主要是指风、流等海况以及能见度等,主要影响船员瞭望以及对碰撞危险的判断。

4.1.2 漂移碰撞模型输入

漂移碰撞是指船舶在风电场附近航行时,若出现主机或舵机故障导致船舶失控,受风、流等环境因素的影响,可能漂移至风电场内部与风机发生碰撞。根据漂移碰撞涉及的对象以及漂移过程,将漂移碰撞模型分为船舶模块、风电场模块、航路模块、环境模块以及避碰措施失效模块5个模块,输入参数如图4-2所示。

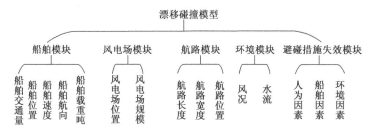

图4-2　漂移碰撞模型输入参数

航路模块和风电场模块的输入参数与动力碰撞类似。在船舶模块中,加入了船舶载重吨这一影响因素。这是因为船舶在发生故障的情况下,受风、流的作用很大,船舶载重吨越大,在同一环境条件下,船舶漂移速度越小,船舶漂移至风电场内所需花费的时间越长,能够为修复故障及外界援助提供更多的时间。由于自然环境因素,如风、流对故障船的作用决定了故障船的漂移轨迹是否朝向海上风电场,从而对漂移碰撞概率产生影响,因此,相比于动力碰撞模型,在漂移碰撞模型中加入了自然环境模块,用于分析故障船在漂移过程中受风、流等自然环境因素的作用。

避碰措施失效是指船舶在朝向风电场漂移的过程中进行自救以及获取外界援助的行动均失败,避碰措施失效的致因复杂,与人为、船舶、环境和管理因素均有关。与面向动力碰撞的船舶避碰措施失效模块相同,针对面向漂移碰撞的船舶避碰措施失效模块,以下仅考虑人为、船舶和环境因素的影响。在人为因素中,船员技能、船员精神状态将影响船员成功修复船舶故障以及获取外界援助的概率。在船舶因素中,船舶系统的完善程度也会影响船员成功修复船舶故障的概率,而他船与故障船的距离、他船速度将影响及时援救的可能性。故障船与风电场之间的距离则直接影响故障船漂移至风电场所需的时间,也对避碰措施失效的概率产生影响。在环境因素中,风况影响船舶走锚概率,风速越大,船舶越易走锚;能见度则影响救助船的瞭望距离。

4.2　基于船舶与海上风电场碰撞概率模型

海上风电场与船舶碰撞概率风险评价模型最初来源于海上钻井平台与船舶碰撞风险计算模型,通过不断更新和演变,目前主流的海上风电场与船舶碰撞风险模型有:COLLIDE 模型、SOCRA 模型、CRASH 模型、COLWT 模型、COLLRISK 模型、DYMITRI 模型等。这些模型已被各个国家广泛用于海上风电场船舶碰撞风险安全评估,并取得了一定的效果。这些模型的计算原理基本相似,都是假设在满足船舶交通流分布基本符合正态分布的前提下,通过各种可能导致船舶与风电场发生碰撞的因素相互叠加,进而求解导致船舶与风电场发生碰撞的概率。下面就该模型的算法进行相应介绍。

4.2.1　船舶与海上风电场碰撞模型机理

基于上述分析,在船舶与风电场碰撞模型中,根据船舶主机和舵机是否故障,可将船舶与风机碰撞过程分为漂移碰撞和动力碰撞两种类型。

图 4-3 所示是船舶在故障状态下和有动力状态下与风电场碰撞过程示意图。其中,船 k 为故障船、船 j 为有动力船舶。船 k 失控后受到风、流的拖曳力,漂移速度 v_d 指向风电场,经过一段时间的漂移将进入风电场内。若船 k 能够在漂移至风电场之前,及时进行自救或者得到外界援助,也可以避免漂移碰撞的发生。对于动力碰撞过程而言,船舶在既定航路上航行时,航向的改变通常较小,因此,动力碰撞发生的一个前提条件是船舶航行在将与风电场发生碰撞的区域内。船 j 与风电场发生动力碰撞的碰撞区域已在图 4-3 中进行标示。

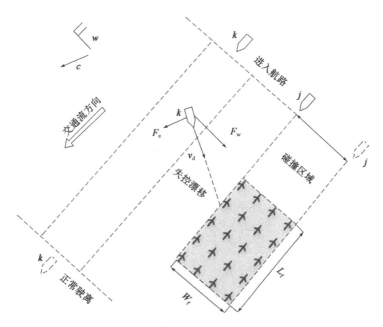

图 4-3　船舶与风电场碰撞过程图

船舶与海上风电场碰撞模型以风险故障链作为分析理论基础,并以概率方式表示船舶与风机碰撞事故中各关键因素发生失效或引发船舶碰撞的可能性,从而获得船舶与风机碰撞概率。基于该模型求解海上风电场水域碰撞概率的方法可以分为以下几个步骤:

步骤1,收集一定时间段内风电场所在水域的船舶AIS历史数据,并对数据进行清洗处理。同时,确定与风电场规模相关数据,并收集风电场附近的风、流数据。

步骤2,通过对船舶AIS数据进行统计和拟合,得出风电场附近航路上船舶的类型、速度、航向和位置分布。

步骤3,将当前状态下船舶类型、速度、航向、位置分布参数、船舶载重吨数据、风电场规模数据以及风、流分布数据作为基础参数,通过设计试验方案,进行多组模拟试验,验证碰撞概率模型的有效性。

步骤4,确定碰撞概率阈值,当计算得出的船舶与风电场碰撞概率低于该阈值时,认为风电场对船舶通航安全的影响很小。基于该碰撞概率阈值,分析风电场对船舶通航安全的影响程度。

4.2.2 船舶与海上风电场碰撞基本模型构建

基于对船舶与风电场碰撞过程的分析,考虑船舶类型、船舶速度、船舶位置、船舶航向以及风、流等因子的影响,构建船舶与风电场碰撞概率计算模型如下:

$$P = P_1 + P_2 \tag{4-1}$$

$$P_1 = \sum_i N_i \times P_{ib} \times \int_x^{x+B_i} f(x)\,\mathrm{d}x \times P_{cw} \times P_{M1} \times P_{M2} \tag{4-2}$$

$$P_2 = \sum_i N_i \times (1 - P_{ib}) \times \int_0^{W_f} \int_{\theta_1}^{\theta_2} f(\theta)f(x)\,\mathrm{d}\theta\mathrm{d}x \times P_c \times P_r \tag{4-3}$$

式中的各参数含义如表4-1所示。

碰撞模型参数解释 表4-1

参 数	含 义
P	船舶与风电场发生碰撞的年平均概率
P_1	船舶失控后与风电场发生漂移碰撞的年平均概率
P_2	船舶与风电场发生动力碰撞的年平均概率
N_i	每年在航路上航行的第i类船舶的总交通量
P_{ib}	第i类船舶在航路上发生失控的概率
x	船舶在航路上宽度方向的坐标
B_i	第i类船舶的平均宽度
$f(x)$	船舶横向分布的概率密度函数
P_{cw}	船舶在风、流作用下漂移至风电场的概率
P_{M1}	船舶发生碰撞前自身未能成功避碰的概率
P_{M2}	船舶发生碰撞前未能得到有效外界援助的概率
W_f	风电场边界宽度
$f(\theta)$	船舶的航向分布密度函数
θ_1、θ_2	分别为船舶位于碰撞区域内时航向指向风电场边界时的临界值,$\theta_1 < \theta_1$
P_c	因果概率,指船舶采取避碰措施失败的概率
P_r	船员无法及时做出避碰反应的概率

4.2.3 船舶与海上风电场碰撞模型参数求取

船舶在特定航路上失控的概率 P_{ib} 与船舶平均失控概率和船舶在该条航路上航行的时间有关,可运用式(4-4)表示,即:

$$P_{ib} = P_b \times \frac{L}{V_i} \qquad (4\text{-}4)$$

式中:P_b——船舶每小时发生失控的概率,可通过统计事故数据获得;

$\quad L$——航路长度;

$\quad V_i$——第 i 类船舶的平均速度。

根据 IALA 的统计得出,一艘船舶每年发生故障的次数基本处于 $0.1 \sim 2$ 次。船舶主机故障的概率如表4-2所示。

船舶主机故障的概率

表4-2

船 舶 类 型	频率(/年)	频率(/h)
客船/滚装船	0.1	1.15×10^{-5}
其他船舶	0.75	8.56×10^{-5}

海上风电场一般建设于开阔水域,对于开阔水域而言,船舶交通流在航路上的横向分布通常服从正态分布。

$$f(x) = \frac{1}{\sqrt{2\pi}\sigma} e^{-\frac{(x-\mu)^2}{2\sigma^2}} \qquad (4\text{-}5)$$

失控船舶在风、流等因素的共同作用下将产生一定的漂移速度,通过判断该漂移速度的方向与风电场方位的一致性能够确定 P_{cw} 的大小。基于此,推导出 P_{cw} 的计算公式如式(4-6)所示。

$$P_{cw} = \sum_{w=1}^{N_w} \sum_{c=1}^{N_c} P_w \times P_c \times P_{a1} + \sum_{w \in Ac} \sum_{c=1}^{N_c} P_w \times P_c \times P_{a2} \qquad (4\text{-}6)$$

$$A = \{w \mid v_w < 0.2\text{m/s}, w \in [1, N_w]\} \qquad (4\text{-}7)$$

式中:N_w——划分的风向种类数量;

$\quad N_c$——划分的流向种类数量;

$\quad P_w$——风向为 w 方向的概率;

$\quad P_c$——流向为 c 方向的概率;

P_{a1}、P_{a2}——在 w 风向和 c 流向的环境下,失控船的漂移速度 v_d 的方向指向风电场的概率,

$\quad\quad\quad\quad$ 由图4-3可知,主要与船舶失控的位置以及风电场边界长度 L_f 有关;

$\quad w \in A$——风向种类为静风的情况,假设静风状态下船舶漂移速度与流速相同。

确定 v_d 的大小和方向首先需要掌握失控船的受力情况,失控船主要受风、流、波的作用,通过对失控船进行受力分析,可以得到如下受力公式:

$$M \times \frac{dv_d}{dt} + m_f = F_w + F_c + F_{wave} \qquad (4\text{-}8)$$

$$F_w = \frac{1}{2}\rho_w C_w S_w \mid \vec{v}_w - \vec{v}_d \mid (\vec{v}_w - \vec{v}_d) \qquad (4\text{-}9)$$

$$F_c = \frac{1}{2}\rho_c C_c S_c \mid \vec{v}_c - \vec{v}_d \mid (\vec{v}_c - \vec{v}_d) \qquad (4\text{-}10)$$

式中：M——船舶重量；

$\quad m_f$——科氏力；

$\quad F_w$——风的拖拽力；

$\quad F_c$——水的拖拽力；

$\quad F_{wave}$——波浪辐射力；

$\quad \rho_w \text{、} \rho_c$——空气和海水的密度；

$\quad S_w \text{、} S_c$——失控船暴露于水面以上和浸没于水面以下的面积；

$\quad C_w \text{、} C_c$——空气和水流的拽力系数。

当假设漂浮物在海上任意时刻都处于一个平衡的状态,忽略波浪的辐射力和科氏力,可以得到：

$$F_c + F_w = 0 \qquad (4\text{-}11)$$

从而推导出 v_d 的大小以及 v_d 与 v_w 的夹角 α 分别如式（4-12）和式（4-13）所示。在 C_w/C_c 一定时,v_d 的大小和方向除了与 v_w 和 v_c 有关,还与 S_w/S_c 有关。在船舶满载的情况下,S_w/S_c 主要与船舶载重吨 M 有关。

$$v_d = \sqrt{v_w^2 + \left(\frac{\mid \vec{v}_w - \vec{v}_c \mid}{1 + 0.036\sqrt{\dfrac{C_w S_w}{C_c S_c}}}\right)^2 - \frac{2v_w \mid \vec{v}_w - \vec{v}_c \mid}{1 + 0.036\sqrt{\dfrac{C_w S_w}{C_c S_c}}} \times \cos\left(\frac{v_c \times \cos\langle \vec{v}_w, \vec{v}_c \rangle}{\mid \vec{v}_w - \vec{v}_c \mid}\right)}$$

$$(4\text{-}12)$$

$$\alpha = \frac{v_c \cos\langle \vec{v}_w, \vec{v}_c \rangle}{v_d \left(1 + 0.036\sqrt{\dfrac{C_w S_w}{C_c S_c}}\right)} \qquad (4\text{-}13)$$

P_{M2} 由船员未能成功修理故障和未能抛锚停航的概率组成。船员未能及时修理故障的概率取决于船员修理主机故障的时间,其计算公式见式（4-14）。

$$f(t) = \begin{cases} 1 & t < 0.25h \\ 1/[1.5 \times (t - 0.25) + 1] & t > 0.25h \end{cases} \qquad (4\text{-}14)$$

式中：$f(t)$——船员未能成功修理故障的概率；

$\quad t$——主机故障后船舶漂移的时间,$t = d_1/v_d$,d_1 为船舶漂移的距离。

P_{M2} 可用式（4-15）表示：

$$P_{M2} = f(Mt, vt, dt, vd, M) \qquad (4\text{-}15)$$

对于 P_2 而言,首先应该获得船舶在航路上的横向分布以及船舶航向分布,根据风电场的位置和规模,确定船舶在碰撞区域内而且航向也指向风电场的概率,通过分析船舶位置、航向与风电场之间的几何关系,得出 θ_1 和 θ_2 的数值如下：

$$\theta_1 = \arctan\left(\frac{x - x_2}{y - y_2}\right) \qquad (4\text{-}16)$$

$$\theta_2 = \arctan\left(\frac{x - x_1}{y - y_1}\right) \qquad (4\text{-}17)$$

式中：x、y——船舶的横纵坐标；

　　x_1、x_2——风电场边界顶点 W_1 和 W_2 的横坐标；

　　y_1、y_2——风电场边界顶点 W_1 和 W_2 的横坐标。

对于 P_c 而言，参考 Fujii 的研究，将 P_c 设定为 2×10^{-4}。对于 P_r 而言，借鉴 MARIN 碰撞模型中的经验公式，可取 $P_r = \exp(-0.575 \times ds)$。

4.2.4　船舶与海上风电场碰撞模型应用实例

以莆田辖区水域已建的平海湾海上风电场 B 区为分析对象，对船舶与海上风电场碰撞概率模型进行实例应用。将输入数据带入碰撞模型之后，得出在风电场与其附近中小型船舶习惯航路的距离不同的情况下，船舶与风电场碰撞概率和船舶平均速度 V、船舶载重吨 M、风电场边界线长度 L_f 之间的关系分别如图 4-4、图 4-5 和图 4-6 所示。

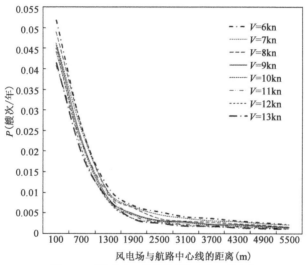

图 4-4　碰撞概率 P 随船舶平均速度 V 的变化

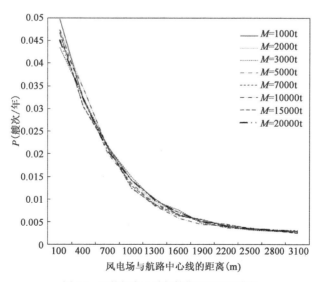

图 4-5　碰撞概率 P 随船舶载重吨 M 的变化

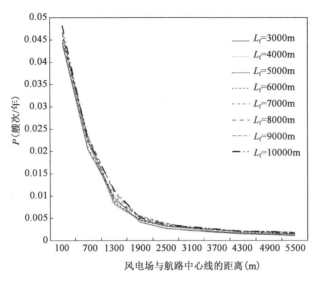

图 4-6　碰撞概率 P 随风电场边界线长度 L_f 的变化

在 M 和 L_f 一定时,若设定某一具体的风电场与航路中心线的距离,P 随着 V 的增大而减小;当风电场与航路中心线的距离 d 小于 4200m 时,V 取不同取值时对应的 P 值之间的差异较为明显,随着 d 的增加,这种差异也随之缩小。

在 V 和 L_f 一定时,若设定某一具体的风电场与航路中心线的距离,P 基本上随着 M 的增大而减小。当 d 小于 1000m 或者为 900～1800m 时,P 随 M 的变化稍有变化,但变化不明显,这可能与漂移速度大小的变化规律有关;当 d 大于 2400m 时,P 几乎不随 M 的变化而变化,而且逐渐趋向于 0.001。

在 V 和 M 一定时,若设定某一具体的风电场与航路中心线的距离,P 随着 L_f 的增大而增大。当 d 为 900～2400m 时,P 随 L_f 的变化稍有变化;当 d 大于 4800m 时,L_f 取不同值时对应的 P 值之间的差异虽然很小,但是仍然有所区分。

总体而言,在以上参数条件下,船舶与风电场碰撞概率的最大值约为 0.049 艘次/年,不超过 0.05 艘次/年。在其他参数不变的情况下,碰撞概率随着船舶平均速度的增大而增大,且幅度明显,而随船舶载重吨和风电场边界线长度的变化不明显。

针对风电场 B 区,得出中小型船舶习惯航路上的船舶与风电场 B 区的碰撞概率为0.0052艘次/年,低于德国在研究海上设施碰撞风险中所确定的可接受风险标准——0.01艘次/年。因此,认为在当前风电场 B 区所在水域的通航环境下,风电场能够对附近船舶的通航安全构成威胁的可能很小。

4.3　基于贝叶斯网络的避碰措施失效概率模型

假定 P_{MF1} 和 P_{MF2} 分别为船舶在有动力的情况下和在故障漂移的情况下采取避碰措施失效的概率,其与人为因素、船舶因素、交通环境因素和自然环境因素等诸多影响因素有关,求取过程需考虑多种不确定性因素和事件的影响。因此,本节基于贝叶斯网络模型在解决不确定性问题方面的优势,分别构建面向船舶与风电场动力碰撞和漂移碰撞的避碰措施失效概率模型。

4.3.1　贝叶斯网络建模

贝叶斯网络方法通过有效融合专家经验和实际数据信息等多源信息,能够用于解析复杂多变的不确定性问题。贝叶斯网络结构决定了贝叶斯网络方法可将复杂的不确定性问题细分化和简化,最终运用直观、易操作的概率图模型描述各影响因素之间的相互概率关系。在构建贝叶斯网络模型的过程中,通过贝叶斯网络学习、推理和灵敏度分析可以进一步完善贝叶斯网络结构,有效解决模糊综合评价法、层次分析法等常见风险评价方法不够客观的问题。在海上船舶碰撞风险评价领域,贝叶斯网络方法的应用已经得以渗透。当前,船舶碰撞事故数据愈加完整和有效,贝叶斯网络也逐渐应用于海上风电场水域船舶碰撞风险研究中。

利用贝叶斯网络方法研究风险评价问题主要包括三个步骤:节点的选取、贝叶斯网络拓扑结构的确定以及条件概率表的确定,建模过程如图 4-7 所示。节点的选取实质上是确定风险影响因素以及各个因素值域的过程;贝叶斯网络拓扑结构的确定是指根据对各个网络节点之间相关性的分析,明确各个节点之间的关系,在此基础上,运用有向边表示节点之间的因果关系;条件概率表的确定是指根据实际数据信息和专家咨询信息等确定有向边连接的两个节点之间的概率关系。

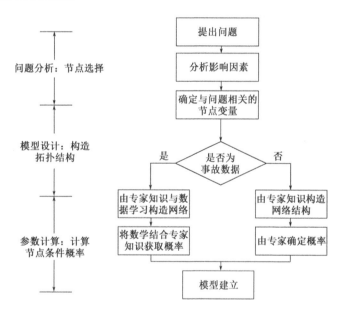

图 4-7　贝叶斯网络建模过程

4.3.2　面向动力碰撞的船舶避碰措施失效概率模型

前文已经对船舶与风电场碰撞事故的致因因素进行了分析,以下将在咨询航运专家的基础上,结合历史事故数据和相关文献综述,剔除与避碰措施失效相关性不大的影响因素,同时严格遵循节点选取原则,对避碰措施失效概率的贝叶斯网络节点进行筛选,并确定节点值域、网络结构以及条件概率表。

4.3.2.1　贝叶斯网络节点的确定

在动力碰撞场景中,船舶避碰过程可以分为三个阶段:一是信息搜集阶段,一般指借助雷达、ARPA 设备以及人为瞭望等途径获取周围航行动态和通航环境状况;二是判断与决策阶段,对搜集的外界信息进行分析,判断船舶碰撞风险,据此对避碰行为进行决策;三是采取行动阶段,根据避碰决策,实行避让操纵行动。三个阶段相互联系,彼此作用,任何一个阶段中的不利因素对下一阶段的不利情况的产生形成一定的促进作用,最终由于一系列不利情况的发生,导致船舶避碰措施失效。

上文已经对船舶与海上风电场碰撞场景进行了动力碰撞和漂移碰撞的区分,同时分析了船舶与风电场碰撞风险影响要素。基于此,通过咨询航运专家,结合历史事故样本和相关文献研究成果,将船舶避碰措施失效影响因素按照船舶避碰过程的三个阶段进行划分,并最终确定面向动力碰撞的避碰措施失效模型的贝叶斯网络节点及状态如表4-3所示。

船舶避碰措施失效影响因素节点

表4-3

符号	名　　称	状　　态		值　　域	
X1	雷达和ARPA设备使用不当	发生	未发生	h	u
X2	值班不当	发生	未发生	h	u
X3	能见度	较差	良好	bad	good
X4	瞭望不当	发生	未发生	h	u
X5	导助航设施	不完善	完善	bad	good
X6	船舶与风电场的距离	较近	较远	near	far
X7	海况	恶劣	良好	bad	good
X8	交通流密度	较高	较低	high	low
D1	未及时发现风电场	发生	未发生	h	u
D2	船舶航速过大	发生	未发生	h	u
D3	碰撞危险判断失误	发生	未发生	h	u
A1	未及时采取避让行动	发生	未发生	h	u
A2	避让行动不当	发生	未发生	h	u
MF1	船舶避碰措施失效	发生	未发生	h	u

4.3.2.2 贝叶斯网络结构的确定

基于专家判断、文献综述和历史船舶碰撞信息,分析船舶避碰过程中的有序事件,从船舶避碰措施失效的因果关系链入手,据此确定船舶避碰措施失效的贝叶斯网络结构。根据船舶避碰行动的过程,得出船舶避碰措施失效的基本因果关系链为:瞭望不当导致未及时发现风电场,而一些信息处理不当或者是恶劣环境导致驾驶员判断碰撞危险出现失误,未及时发现风电场以及碰撞危险判断失误,又将导致船员不能及时采取避让行动,也可能导致船员采取错误的避让措施如转向错误、减速幅度过小等,从而导致船舶避碰措施失效。在基本因果关系链中,每一事件的发生都可能存在致因因素,该事件的发生也可能引起下一事件的发生,每一事件都可以作为贝叶斯网络的一个节点。基于对船舶避碰措施失效的基本因果关系链的确定和挖掘,可以根据因果关系链中各项事件、各个影响因素之间的关联性,探索船舶避碰措施失效的贝叶斯网络结构。通过咨询专家和分析船舶碰撞事故资料的方式,筛除发生频率很低的因果事件以及影响程度很低的致因因素,明确船舶避碰措施失效的贝叶斯网络结构如图4-8所示。

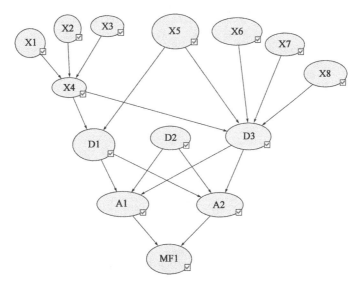

图 4-8　船舶动力碰撞过程中避碰措施失效的贝叶斯网络模型

4.3.2.3　条件概率表的确定

通过咨询航运专家以及查阅船舶碰撞事故资料的方式,获取与各网络节点相关的信息和数据,对面向动力碰撞的船舶避碰措施失效模型的节点的条件概率进行确定。分别选取船舶避让海上风电场过程中的信息搜集、决策以及采取避让行动三个阶段的主要节点因素进行分析,得出各个节点的条件概率如表4-4～表4-8所示。

节点 X4 的条件概率表　　　　　　　　　　　　　　　　　　　　表 4-4

X1	u				h			
X2	u		h		u		h	
X3	good	bad	good	bad	good	bad	good	bad
u	0.997	0.97	0.88	0.866	0.92	0.911	0.8	0.78
h	0.003	0.03	0.12	0.134	0.08	0.089	0.2	0.22

节点 D1 条件概率表　　　　　　　　　　　　　　　　　　　　表 4-5

X4	u		h	
X5	good	bad	good	bad
u	0.995	0.986	0.81	0.82
h	0.005	0.014	0.19	0.28

节点 A1 的条件概率表　　　　　　　　　　　　　　　　　　　　表 4-6

D1	u				h			
D3	u		h		u		h	
D2	u	h	u	h	u	h	u	h
u	0.999	0.98	0.942	0.936	0.952	0.936	0.884	0.87
h	0.001	0.02	0.058	0.064	0.048	0.064	0.116	0.13

节点 A2 的条件概率表 表4-7

D1	u				h			
D3	u		h		u		h	
D2	u	h	u	h	u	h	u	h
u	0.999	0.982	0.913	0.901	0.924	0.91	0.865	0.85
h	0.001	0.018	0.087	0.099	0.076	0.09	0.135	0.15

节点 MF1 的条件概率表 表4-8

A1	u		h	
A2	u	h	u	h
u	1	0.97	0.98	0.2
h	0	0.03	0.02	0.8

4.3.2.4 模型应用及验证

以平海湾海上风电场 E 区为例,对面向动力碰撞的船舶避碰措施失效的贝叶斯网络模型进行验证。首先,利用 GeNle 软件获取船舶避碰措施失效的贝叶斯网络模型图,将平海湾水域的实际数据和节点的条件概率表作为模型输入,运行贝叶斯网络模型,计算出船舶在有动力的状态下与风电场避碰失败的概率,见图4-9。随后,借助贝叶斯网络的逆向推理功能,获取避碰措施失效100%发生时的每一节点的概率,即为贝叶斯网络的后验概率,见图4-10。

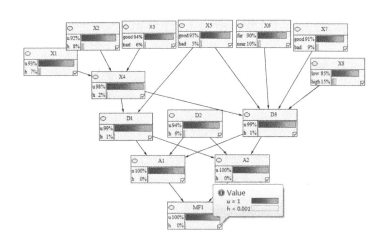

图4-9 动力船舶避碰措施失效模型

为深入探讨避碰措施失效概率随各影响因子的变化关系,确定主要的影响因子,运用式(4-18)计算贝叶斯网络中每一节点因素的危险程度。

$$W = (P_f - P_h)/P_h \qquad (4-18)$$

式中:W——危险性数值;

P_h——贝叶斯网络中每一节点因素处于不利状态时的发生概率;

P_f——每一节点处于不利状态时的后验概率。

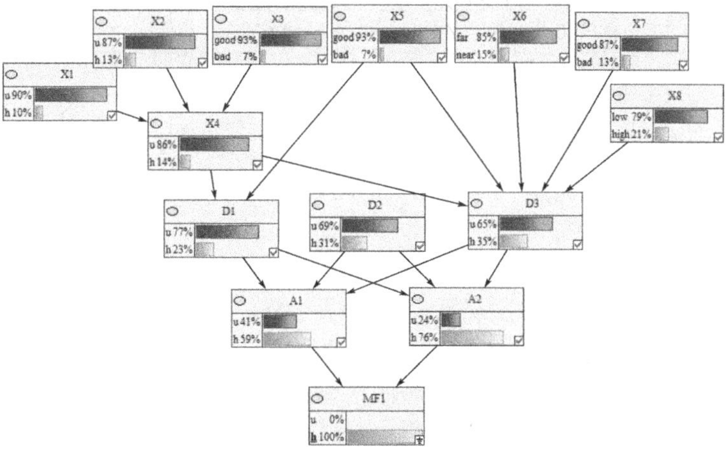

图 4-10 动力船舶避碰措施失效模型的后验概率

由图 4-10 可知:船舶在有动力的情况下避免碰撞风电场措施失效的概率为 2.2×10^{-4},小于 0.001,表明船舶航行于平海湾海上风电场附近时,在有动力的情况下存在的避碰措施失效风险程度为 0.022%。

假设船舶航行于海上风电场附近时,在船舶位于碰撞区域且存在动力的情况下,船舶避碰措施必然失效,将避碰措施失效的节点设置为 100%,基于贝叶斯网络的逆向推理手段,得出节点的后验概率,在此基础上,参照式(4-18)获取每一节点的危险性数值,根据该数值分析避碰措施失效模型的基础性影响因子,如表 4-9 所示。

避碰措施失效概率模型的主要因素危险性分析 表4-9

船舶避碰措施失效	X1	X2	X3	X4	X5	X6	X7	X8
初始状态	0.07	0.04	0.058	0.019	0.05	0.10	0.09	0.15
必然发生	0.102	0.135	0.067	0.139	0.072	0.153	0.130	0.213
危险性	0.457	2.375	0.155	6.316	0.440	0.530	0.444	0.420
危险性排序	4	2	8	1	6	3	5	7

按照表 4-3 危险性排序,X4"瞭望不当"是导致避碰措施失效的危险程度最高的因素,其后分别为"值班不当""船舶与风电场的距离""雷达和 ARPA 设备使用不当""海况""导助航设施""交通流密度"和"能见度"。其中,"瞭望不当""值班不当"及"雷达和 ARPA 设备使用不当"属于人为因素,说明人为因素是影响避碰措施失效发生概率的主要因素,该结论与大量船舶碰撞事故统计数据相符,表明建立的动力船舶避碰措施失效模型具有一定的合理性和有效性。此外,结合海上风电场水域的特殊性,船舶与风电场的距离过近较易致使船舶与风电场碰撞事故的发生,其属于危险性较强的因素也是合理的。

以上因素均属于船舶避让行动中信息搜索阶段的影响因素,以下将对决策和行动阶段的影响因素进行危险性分析,根据图 4-9 和图 4-10 对这两个阶段的影响要素进行危险程度分析,得出计算结果如表 4-10 所示。

主要因素危险性分析   表 4-10

船舶避碰措施失效	D1	D2	D3	A1	A2
初始状态	0.0090	0.06	0.0115	0.0032	0.0037
必然发生	0.2256	0.3124	0.3481	0.5936	0.7640
危险性	24.066	4.206	29.270	184.50	205.486
危险性排序	4	5	3	2	1

从表 4-10 中可以看出，船舶在有动力的状态下避让风电场失败时，"避让行动不当"是危险性最高的因素，后验概率也最大。其后各因素的危险性依次排序为"未及时采取避让行动""碰撞危险判断失误""未及时发现风电场"以及"船舶航速过大"。基于节点因素危险性最大的原则，获取影响船舶避碰措施失效概率的最大致因链为"值班不当—瞭望不当—避让行动不当—船舶避碰措施失效"，基于此，船舶在航经海上风电场附近时，船员应谨慎值班，避免出现精神状态不佳或雷达、ARPA 等导航设备操作不熟练等现象。

4.3.3 面向漂移碰撞的船舶避碰措施失效概率模型

在漂移碰撞中，由于船舶故障，认为船舶无法通过机动避碰的措施避免与风电场发生碰撞，因此，一些机动避碰措施如转向、减速等并不包含在面向漂移碰撞的避碰措施失效模型内。基于船舶与风电场碰撞风险以及避碰措施失效模块的输入参数分析，以下将对导致避碰措施失效的主要因素进行分析，剔除相关性不大的影响因素，同时严格遵循节点选取原则，对避碰措施失效概率的贝叶斯网络节点进行筛选，并确定节点值域、网络结构以及条件概率表。

4.3.3.1 贝叶斯网络节点的确定

对于漂移船舶而言，避碰措施失效主要包括两个方面：一是发现船舶出现故障之后，船员采取抛锚停航以及修复船舶故障等措施进行船舶自救，但最终船舶自救失败，故障船与风电场发生了碰撞；二是故障船船员与岸上搜救人员取得联系，岸上搜救人员派遣救助船对故障船进行援救，但最终故障船仍然与风电场发生碰撞。

通过分析以上两种避碰措施实施过程，可以从中发现避碰措施失效的影响因子。对于船舶自救措施而言，主要包括抛锚停航以及修复船舶故障两种措施。抛锚停航措施是否有效主要与风况、船舶载重吨、海底地质等有关，其中，根据文献综述得知，抛锚停航的概率与风速的大小密切相关。修复船舶故障措施是否有效主要与船员技能、船舶主机老旧状态/检查频率、船员精神状态有关。另外，由于以上两种自救措施均失败是指最终船舶与风电场发生了碰撞，因此，以上两种措施是否有效也与船舶漂移至风电场的时间有关，该时间可以通过船舶与风电场的距离以及船舶漂移速度求得，主要涉及船舶与风电场的距离、船舶吨位。

对于外界援救措施而言，重点考虑拖船援救和附近船舶救助。拖船援救措施是否有效与故障船的漂移速度、拖船拖力大小、能见度有关。此外，拖船需要在故障船与风电场发生漂移碰撞之前拉住故障船，因此，拖船到达故障船所在位置的时间也与拖船是否能够成功救助故障船的概率有关，而该时间与拖船和故障船之间的初始距离以及拖船速度有关。附近船舶救助则主要与船舶交通流密度有关，密度越大，能够参与施救的船舶越多，故障船获得救助的可能性越大。基于以上分析，同时考虑贝叶斯网络节点选取的三大原则，针对漂移碰撞的避碰措施失效模型，选取贝叶斯网络的节点如表 4-11 所示。

船舶避碰措施失效影响因素节点　　　　　　　　　　　　　表4-11

符号	名　称	状　态		值　域	
N1	海底地质	松散	坚固	bad	good
N2	风况	恶劣	良好	bad	good
N3	船舶吨位	较小	较大	small	big
N4	船员技能	较差	较好	bad	good
N5	船员精神状态	较差	较好	bad	good
N6	船舶系统设备	较差	较好	bad	good
N7	故障船与风电场的距离	较近	较远	near	far
N8	救助站与故障船的距离	较远	较近	far	near
N9	能见度	恶劣	良好	bad	good
N10	交通流密度	较低	较高	low	high
T1	船舶走锚	发生	未发生	h	u
T2	修复故障失败	发生	未发生	h	u
T3	船舶自救失败	发生	未发生	h	u
T4	外界援助失败	发生	未发生	h	u
MF2	船舶避碰措施失效	发生	未发生	h	u

4.3.3.2　贝叶斯网络结构的确定

根据对船舶与海上风电场发生漂移碰撞的过程进行分析可知，船舶避碰措施失效主要存在两种情况：一是船舶进行自救失败，二是船舶请求并获取外界援助失败。通过对避免故障船舶与海上风电场发生碰撞的各类措施进行分析，确定每类避碰措施失效的主要影响因素，考虑各主要因素之间的关联性以及因素与避碰措施失效事故之间的因果关系，同时，基于对船舶与风电场碰撞风险因素以及贝叶斯网络节点的分析，确定船舶在漂移过程中避免碰撞风电场措施失效的贝叶斯网络结构如图 4-11 所示。

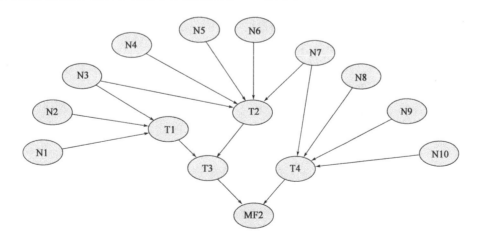

图 4-11　船舶漂移过程中避碰措施失效的贝叶斯网络模型

4.3.3.3　条件概率表的确定

基于所收集到的船舶漂移碰撞事故数据以及相关文献,通过咨询航运专家,获取船舶处于漂移状态时避免碰撞风电场失败的贝叶斯网络节点的条件概率表。根据船舶与风电场发生漂移碰撞的不同阶段,分别选取船舶进行自救和获取外界援助这两个阶段的主要网络节点因素进行分析,得出各个网络节点的条件概率如表4-12～表4-14所示。

节点 T1 的条件概率表　　　　　　　　表4-12

N3	big				small			
N2	good		bad		good		bad	
N1	good	bad	good	bad	good	bad	good	bad
u	0.91	0.56	0.51	0.22	0.82	0.52	0.47	0.28
h	0.09	0.449	0.49	0.78	0.18	0.48	0.53	0.72

节点 T3 的条件概率表　　　　　　　　表4-13

T1	u		h	
T2	u	h	u	h
u	1	0.86	0.94	0
h	0	0.14	0.06	1

节点 MF2 的条件概率表　　　　　　　　表4-14

T3	u		h	
T4	u	h	u	h
u	1	0.88	0.97	0
h	0	0.12	0.03	1

4.3.3.4　模型验证

与第4.3.2节中的贝叶斯网络模型验证过程相同,以平海湾海上风电场 E 区为例,对面向漂移碰撞的避碰措施失效模型进行验证。基于该模型与面向动力碰撞的避碰措施失效模型的异同点,输入平海湾水域的实际数据和节点的条件概率表,计算出船舶处于漂移状态下与风电场避碰失败的概率见图4-12,并通过贝叶斯网络的逆向推理功能,获取避碰措施失效100%发生时节点因素的后验概率,如图4-13所示。

由图4-12可以得出,船舶在漂移状态下避碰风电场措施失效的概率为0.023,说明船舶在平海湾海上风电场附近航行时,在漂移的情况下存在的避碰措施失效风险程度为2.3%。

设置面向漂移碰撞的避碰措施失效模型的节点状态为发生,设置节点状态数值为100%,借助贝叶斯网络的逆向推理手段,同时基于式(4-18)获取节点的危险性数值,据此分析面向漂移碰撞的避碰措施失效模型的部分影响因子。

由表4-15可知,N7"船舶与风电场的距离"是导致避碰措施失效的危险性最大的因素,除此之外,危险性排序依次为"风况""海底地质""救助站与故障船的距离""能见度""船员技能""交通流密度"和"船舶系统设备"。船舶与风电场的距离过近将导致船舶没有足够时间采取抛锚、修复船舶等自救措施,也为附近他船或搜救船的救助行动带来较大的压力,是造成漂移船舶与风电场碰撞的主要影响因子。此外,根据国外的统计资料得知,风况和海底地质对于船舶走锚影响较大,得出的风况和海底地质均属于强危险性因子,表明建立的面向漂移碰撞的避碰措施失效模型具有一定的合理性和可靠性。

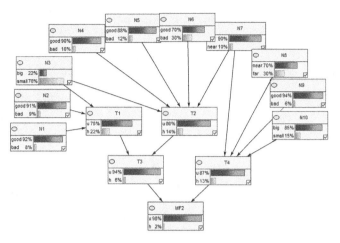

图 4-12 漂移船舶避碰措施失效的贝叶斯网络拓补图

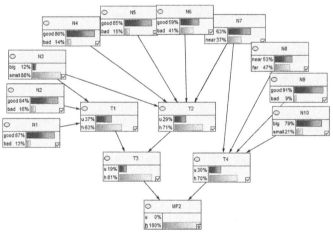

图 4-13 漂移船舶避碰措施失效模型的后验概率

漂移船舶避碰措施失效概率模型的主要因素危险性分析 表 4-15

船舶避碰措施失效	N1	N2	N4	N5	N6	N7	N8	N9	N10
初始状态	0.08	0.09	0.10	0.12	0.29	0.10	0.30	0.06	0.15
必然发生	0.131	0.156	0.137	0.152	0.411	0.371	0.466	0.09	0.205
危险性	0.637	0.733	0.370	0.266	0.417	2.710	0.553	0.500	0.366
危险性排序	3	2	7	9	6	1	4	5	8

漂移船舶与风电场碰撞过程中各类救助行动失败的危险性如表 4-16 所示。T3 "船舶自救失败"是漂移船舶避碰措施失效的危险性最高的因素,在一定程度上反映了提高船舶自救成功率对于降低漂移船舶碰撞风险的重要性。此外,根据各因素的危险性,获取对漂移船舶避碰措施失效概率影响程度最大的致因链为"船舶与风电场的距离—修复故障失败—船舶自救失败—船舶避碰措施失效",表明船舶在航经海上风电场附近时,应尽量与风电场保持安全航行距离。

主要因素危险性分析   表4-16

船舶避碰措施失效	T1	T2	T3	T4
初始状态	0.217	0.143	0.059	0.131
必然发生	0.625	0.708	0.812	0.695
危险性	1.880	3.951	12.762	4.305
危险性排序	4	3	1	2

4.4 船舶与风电场碰撞概率的敏感性分析

基于已构建的船舶与海上风电场碰撞概率模型,利用敏感性分析方法对船舶与风电场距离及船舶交通流参数等因素的敏感性系数进行排序,确认出对通航效率损失模型具有重要影响的因素,以便于在制定海上风电场水域船舶风险控制措施时能够有针对性地对各影响因素予以考虑。

4.4.1 敏感性分析方法

敏感性分析方法是一种定量探讨某一输入因素发生变化时对输出结果影响程度的方法,主要通过不断调整输入因素的取值,获取每一取值对应的输出结果,从而获取每一个输入因素的敏感性,以便确定影响输出结果的主要因素。

基于参数的数量,可将敏感性分析分两类:一类是局部敏感性分析,另一类是全局敏感性分析。前者是分析某一输入因素发生变化对输出结果产生的影响,后者则是指在多个输入因素发生改变时,分析模型输出结果的变动规律。前者具有易操作、结果直观的优点,相比于后者,前者能够更加广泛地运用于相关研究中。

Morris 敏感性分析法作为一种局部分析法,在识别模型输入因素的重要度方面较为常用。以下将采用改进的 Morris 方法对船舶与海上风电场碰撞概率模型的敏感性进行分析。该方法首先从 n 个输入因素中选出一个输入因素,在设置其他输入因素不发生改变的条件下,以固定步长设定这一输入因素的数值变化,随后,计算出输入因素取不同数值时,相应的输出结果 Y_i,通过与输入因素设置标准取值时对应的输出结果 Y_0 进行对比,获得 Morris 系数,最终平均多个 Morris 系数,将其作为敏感性判别因子。此外,考虑到 Morris 系数可能出现负值的情况,确定敏感性判别因子的计算公式见式(4-19)。

$$S = \frac{1}{k} \left| \sum_{i=1}^{k} \frac{(Y_{i+1} - Y_i)/Y_0}{(P_{i+1} - P_i)/P_0} \right| \tag{4-19}$$

式中:S——敏感性判别因子;

Y_i——第 i 次计算得出的输出结果;

Y_0——输入因素设置标准取值时对应的输出结果;

P_i——第 i 次计算的输入因素的取值;

P_0——输入因素的标准取值;

k——计算总次数。

在得出各个输入因素的敏感性判别因子之后,需要确定模型输出结果对各个输入因素的敏感性程度。基于输入因素的 S 值,确定输入因素的敏感性等级如表4-17所示。

灵 敏 度 分 级 表　　　　　　　　　　　　　　　　表 4-17

灵敏度判别因子	灵敏度分级
$0.00 \leqslant S < 0.05$	不敏感因子
$0.05 \leqslant S < 0.20$	中等敏感因子
$0.20 \leqslant S < 1.00$	敏感因子
$S \geqslant 1.00$	高敏感因子

4.4.2　碰撞概率敏感性分析

本节将根据 Morris 敏感性分析方法,从船舶交通流特征和风电场特征的角度出发,对影响船舶与海上风电场碰撞概率模型的主要因素进行灵敏度分析,得到碰撞概率对船舶交通流特征和风电场特征等影响因子的敏感程度。

4.4.2.1　试验方案设计

根据已构建的碰撞概率模型可知,船舶与海上风电场碰撞概率既与船舶交通量、船舶位置分布、船舶速度分布等船舶交通流因素有关,也与船舶和风电场的距离、风电场规模、风、流、能见度等环境因素以及船员瞭望、船员判断和决策等人为因素有关。为了有针对性地控制船舶与风电场碰撞风险,从船舶交通流特征和风电场特征两方面确保风电场水域船舶航行安全,本节选取船舶交通量 Q、船舶交通分布参数、船舶航速分布参数和风电场规模参数作为敏感性分析因子。以上因子均属于可人为调控的范畴,对这些因子进行敏感性分析有利于提取出影响船舶与风电场碰撞概率的主要因素,为海上风电场水域船舶安全保障措施的制定提供一定的理论基础。船舶交通分布是指习惯航路上的船舶交通流分布,其参数包括航路与风电场距离 d 和船舶交通分布标准差 σ_s;船舶航速分布参数包括船舶平均航速 V、船舶航速标准差 σ_v;对于风电场规模而言,由于垂直于航路的风电场边界线的长度影响船舶与风电场碰撞的几何碰撞概率,因此,以下将运用垂直于航路的风电场水平边界线长度 L_f 表示风电场规模(以下简称风电场边界长度)。

为探讨船舶与风电场碰撞概率随着以上参数的变化趋势,本节设置了 6 组实验。在保持其他变量选取标准值的情况下,每次通过对一个参数的数值按固定步长进行变动,观察船舶与风电场碰撞概率的变化幅度。为使碰撞概率模型的敏感性分析能较好切合实际的海上风电场水域船舶交通状况,设计试验参数如表 4-18 所示。根据对海上风电场 E 区附近航路的船舶交通流分析可知,船舶交通分布标准差约为 800,船舶航速通常为 5 ~ 14kn,船速间差异一般低于 5.6kn。船舶交通量、航路与风电场的距离和风电场边界长度分别设置为 10000 艘次/年、2000m 和 7000m。

试 验 参 数 设 置　　　　　　　　　　　　　　　　表 4-18

因　素	单　位	基　本　值	步　长	范　围
Q	艘次/年	10000	1000	6000 ~ 15000
d	m	2000	400	400 ~ 4000
σ_s	m	800	100	400 ~ 1300
V	kn	9	1	5 ~ 14
σ_v	kn	2.5	0.5	0.5 ~ 5.0
L_f	m	7000	1000	3000 ~ 12000

4.4.2.2　试验结果分析

图4-14～图4-19分别展示了船舶与风电场碰撞概率随船舶交通量 Q、风电场与航路的距离 d、船舶交通分布标准差 σ_s、船舶平均航速 V、船舶航速标准差 σ_v、风电场边界长度 L_f 单独增加时的变动情况。由图可知，Q、σ_s 和 L_f 与船舶总体碰撞概率 P 成正相关关系，d 与 P 成负相关关系。针对航速分布参数，P 随着 V 的增加先减小后增加，而与 σ_v 无明显相关性。其中，船舶动力碰撞概率 P_1 和漂移碰撞概率 P_2 均随着 Q、σ_s 和 L_f 的增加而增加，随着 d 的增加而减小，但是两者随着 L_f 的变化曲线均较为平滑；当 $d > 1.08$mm 时，P_1 和 P_2 急剧降低。针对 V 和 σ_v，动力碰撞概率 P_1 和漂移碰撞概率 P_2 随两者的变化趋势相反。出现以上现象的主要原因是，船舶交通量、航路与风电场的距离和船舶交通分布标准差决定了密集交通流在风电场附近的分布，船舶交通量越大，航路与风电场的距离越小，船舶交通分布标准差越大时，航路上的船舶越有可能靠近风电场航行，在面临碰撞危险时往往不能及时纠正航行失误并采取避碰措施；风电场边界长度则对应船舶碰撞区域，长度越长，潜在碰撞区域越大。船舶平均航速越大，船舶不能及时采取避让措施或避让措施不当的可能性越大，但另一方面，船舶在风电场水域发生故障漂移的概率也更小，因此，P_1 和 P_2 随着船舶平均航速的变化趋势相反。

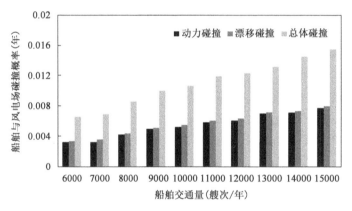

图4-14　碰撞概率随船舶交通量 Q 的变化趋势

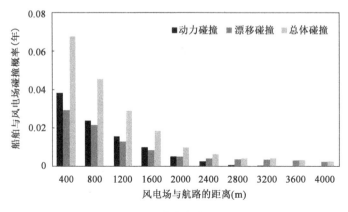

图4-15　碰撞概率随风电场与航路的距离 d 的变化趋势

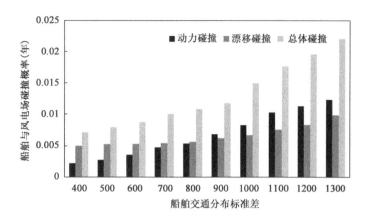

图 4-16　碰撞概率随船舶交通分布标准差 σ_s 的变化趋势

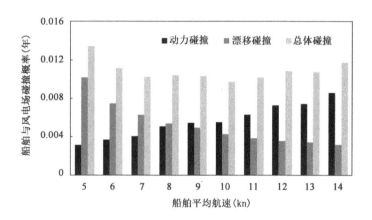

图 4-17　碰撞概率随船舶平均航速 V 的变化趋势

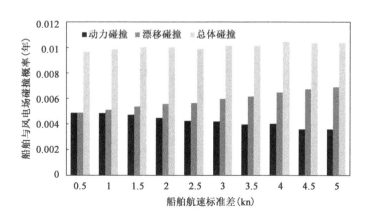

图 4-18　碰撞概率随船舶航速标准差 σ_v 的变化趋势

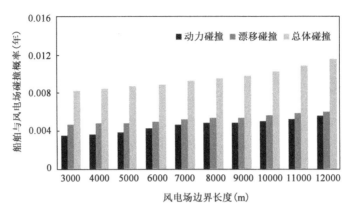

图4-19 碰撞概率随风电场边界长度 L_f 的变化趋势

为探讨船舶与风电场碰撞概率的主要影响因子,运用 Morris 筛选法得出各影响因子的敏感性分析结果如图4-20所示。从图中可以看出,各影响因子的敏感性存在明显差异。其中,风电场与航路的距离是对船舶动力碰撞概率、漂移碰撞概率以及总体碰撞概率最为敏感的因子,与图中的变化趋势相一致。这一结果表明在风电场选址阶段,合理设置风电场与航路的距离对于降低海上风电场水域船舶碰撞概率具有重要意义,有利于船舶安全航行。船舶交通分布标准差属于船舶动力碰撞概率和船舶总体碰撞概率的高敏感因子,相对而言,船舶漂移碰撞概率对船舶交通分布标准差的敏感度略小,说明船舶交通流分布的密集程度对于船舶与风电场发生动力碰撞的影响更大。虽然船舶平均航速对船舶漂移碰撞概率和动力碰撞概率的贡献度较高,但由于两者随着平均航速的变化相反,因此,总体碰撞概率对平均航速的敏感度反而降低。此外,针对总体碰撞概率,船速标准差的敏感性识别因子均小于0.05,说明船速标准差和船舶与风电场碰撞概率之间无明显的相关性。

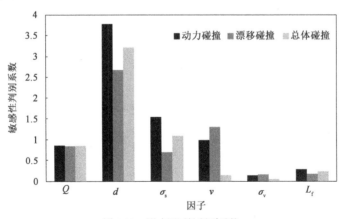

图4-20 影响因子性判别系数

第5章 海上风电建设对通航安全影响分析及评估方法

海上风电场建设通常会对其附近水域船舶的安全航行产生一定影响,科学评估海上风电建设对通航安全的影响不仅可为海上风电场规划、风机布置、监控监测设备设置等提供重要决策参考依据,而且对风电建成期的安全管理具有重要指导意义。

当前,英国、丹麦、荷兰、德国等国家在海上风电建设对通航安全影响评估方面已经积累了丰富的经验,如荷兰海事研究组织提出的 SOCRA 模型、英国 Anatec 公司提出的 COLL-RISK 模型。目前,国内统一规范性的风电建设对通航安全影响评价体系和框架还有待形成。本章在分析海上风电场对通航安全影响的基础上,结合上一章节船舶与风机碰撞风险评估、船舶与风机避碰失效概率评估,进一步从风电对雷达观测影响、风电场电缆铺设对船舶安全影响等角度提出海上风电场对通航安全影响的评价方法,最后基于 FSA 方法构建海上风电项目通航安全综合评估框架。

5.1 海上风电场对通航安全影响要素分析

海上风电场是指建设在海上或潮间带区域,由海上风力发电设施、相关电力传输及控制设备共同组成的大型发电场。如图 5-1 所示,海上风电场主要由海上风机组设备 1、海上输变电系统 2、3 及陆上升压站及集控中心 4、5 共同组成。

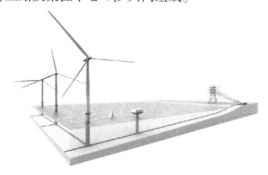

图 5-1 海上风电场设备构成示意图

其中,单个风机组由发电机舱、轮毂、叶片、塔桩和桩基五部分组成。如图 5-2 所示。一般来看,单个风机水面上轮毂高度一般为 80 ~ 100m,水下深度由 0 ~ 50m,风机叶片半径为 50 ~ 70m,叶片至水面距离一般不低于 23m。考虑到风机结构不同,单个风机各项尺寸会略有差别。

海上输变电系统主要包括海上升压站及海底电缆两部分,如图 5-3 所示。

图 5-2　单个海上风力发电机组结构示意图

图 5-3　海上风电场海上升压站及海底电缆

　　其中,海底电缆又根据其所处位置和连接设备不同而分为场内阵列电缆和场外输出电缆。如图 5-4 所示,图中 A、B 段电缆为场内阵列电缆 C 段电缆为场外输出电缆。

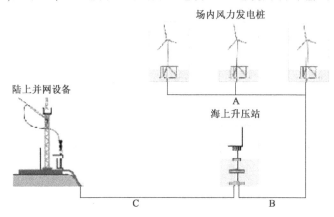

图 5-4　海上风电场海底电缆示意图

海上风电场内风机布设一般会综合考虑当地风力、风向以及场内机组容量等多方面因素,通常每台海上风力发电机间隔大于 500m。而风电场海上升压站一般布设于风电场区中央或靠近陆地一侧,从而缩短海底电缆布设距离。

根据海上风电场建设规模、平面布局、水域位置、设备选择等方面的不同,新建海上风电场会对附近通航环境造成一定程度影响(图 5-5),主要体现在:

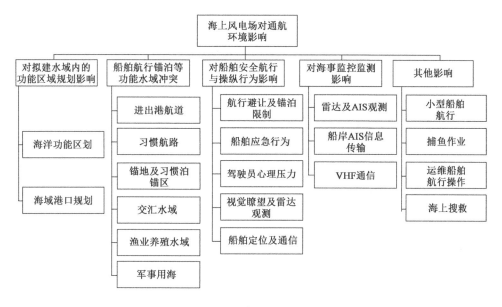

图 5-5　海上风电场对通航环境影响

(1)对拟建水域内的功能区规划影响。

新建海上风电场选址应考虑建设选址是否会与现有海洋功能区划及海域港口规划发生冲突,以及进行海上风电场建设是否会妨碍未来水域内功能区域规划建设。

(2)船舶航行锚泊等功能水域冲突。

海上风电场建设可能会与船舶航行、锚泊及附近作业和功能水域产生一定冲突。对通航船舶的影响包括与船舶进出港航道、船舶习惯航路的重叠、邻近干扰影响,以及由于风电场输电电缆穿越航路,可能造成电缆被过往船舶损坏;对船舶锚泊的影响主要体现在对水域内已有锚地及习惯泊区域影响;风电场建设选址还可能受到军事用海区域及渔业养殖区域的限制和影响。

(3)对船舶安全航行与操纵行为影响。

海上风电场对船舶安全航行操纵的影响主要体现在几个方面:一是风电场对船舶驾驶行为的制约,包括对附近船舶航行及避让操作产生一定限制,如船舶转向受限;制约船舶在应急情况能够采取的相应应急措施,例如当船舶在风电场水域附近发生失控,由于附近水域存在大量海底电缆,船舶如采取抛锚制动方式,则可能会损坏风电水底电缆。二是风电场还会增加驾驶员正常航行操作难度,风电场内林立的风机不仅会阻碍驾驶员进行正常的视觉瞭望,还会对船上雷达观测、船舶定位与通信设备造成一定程度上的影响,增加驾驶员在该水域航行时的心理压力。

（4）对海事监控监测影响。

海上风电场还会对用于海事监控监测的设备造成一定影响,包括 VTS 雷达监控设备、AIS 信息识别设备和 VHF 通信设备。造成影响的主要原因为风电场内风机及风机叶片会对无线电信号造成遮蔽、绕射等干扰,从而影响到海事监控设备对场内及附近小型物标的监测。

（5）对水域其他通航环境影响。

风电场还需要考虑水域内可能存在的诸如小型客渡船、小型捕鱼船舶穿越风电场对场内设备安全的影响,以及小型渔船违反规定进入场内进行捕鱼、养殖作业的可能性。除此以外,由于风电场内风机设备的阻挡和限制,用于进行搜救作业的船舶、直升机在驶入风电场内部水域时会存在一定困难,从而增加搜救难度。

5.2 基于 FSA 的海上风电对通航安全影响评估

结合本章前一部分介绍的风电场对通航安全影响的主要风险及各因素评价模型,使用 FSA 方法进行海上风电场对通航安全影响评估的主要步骤如图 5-6 所示。

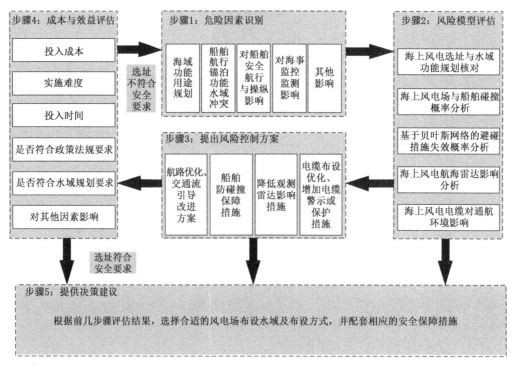

图 5-6 基于 FSA 的海上风电对通航影响综合评估流程

根据图中流程,每个步骤的具体实施细节如下:

步骤 1,进行海上风电场对通航环境影响风险因素识别,主要体现在对功能区划影响、航路影响、船舶操纵影响、海事监控影响及其他影响五个方面。具体风险因素可参见 5.1 节相关内容。

步骤 2,进行具体模型分析,分别从船舶与风机碰撞概率模型分析、船舶与风机避碰失效概率模型分析、风电场对海上雷达影响分析、风电场电缆铺设对船舶安全影响分析四个方面逐一进行模型评估并获得相应的评估结果。

步骤 3,针对步骤 2 通航环境在各方面影响程度高低进行分析,将所有存在的风险因素按照其风险程度高低分为风险较低、风险在一定措施保障下可接受、风险不可接受三个部分。并对存在风险但可通过一定措施降低风险的部分提出相应的安全保障手段或风险抑制方法。对风险造成的影响不能接受部分,应提出相应的替代方案。

步骤 4,对步骤 3 提出的所有安全保障方案和其他替代方案进行绩效评价,综合考虑不同方案对应的风险和绩效结果并选择最优方案。

步骤 5,根据该风险评估模型获得的相应结论,提出风电场建设保障方案。

5.3　海上风电航海雷达影响机理及分析方法

5.3.1　海上风电场对航海雷达的主要影响形式

5.3.1.1　航海雷达种类

航海根据用途可分为 VTS 雷达和船载雷达两大类。

VTS 雷达是以海岸为基础部署的雷达,主要用来进行交通监视及船舶实时动态数据的收集。包括以下几点基本功能:

(1)探测:发现进港船舶并预计到港时间;发现交通事故的潜在危险及锚泊船舶是否走锚等。

(2)定位:测定船舶的地理位置及相对位置。

(3)显示:显示水域内的交通状况。

(4)向雷达数据处理子系统提供信息,使之能对目标信号进行检测、跟踪和参数计算。

其基本特点是:

(1)能观察覆盖范围内的全景图像。

(2)能获取目标的动态数据,其中距离和方位可以直接获取,且精度较高,而目标的大小、航向等数据估算误差较大,且不能识别目标和获取目标的静态信息。

(3)检测性能受到海浪雨雪等杂波干扰较严重。VTS 雷达的重要参数包括:工作频段、天线增益、接收灵敏度、距离和方位分辨率以及距离和方位精度等。以 ATLAS 9822 XHP/ATLASRTX 9820 型号雷达为例,主要参数如表 5-1。

VTS 雷 达 参 数　　　　　　表 5-1

工作频段	天线增益	发射功率	接收灵敏度	最小可测回波功率	距离分辨力	方位分辨力	距 离 精 度	方位精度
X 波段(9375MHz)	≥35dB	25kW/50kW	≤0.35μV	−97dbm	≤20m	≤0.5°	≤18m(动目标)≤14m(静目标)	≤0.2°

船载雷达是部署在船舶上的雷达,主要用途为:

(1)进行远距离的探测且不受视线限制,可以尽早发现目标。

(2)测量目标参数,包括距离、方位、速度和航向等。

(3)实现对本船的定位、导航和避碰。船载雷达测距和侧方位原理图见图 5-7。船载雷达一般为 X 和 S 频段配合使用,其中 X 频段雷达具有天线尺寸小、方位分辨好、海杂波下目标检测性能好的优势,成为应用最为广泛的船载雷达频段;S 频段在雨雾中衰减少,海面反射小,适宜在恶劣气候和海况下探测目标。最常见的船载雷达型号如 FURUNOFAR-28X7 和 FAR-21X7(–BB),都是采取线极化方式,X 波段和 S 波段相结合的工作频段。

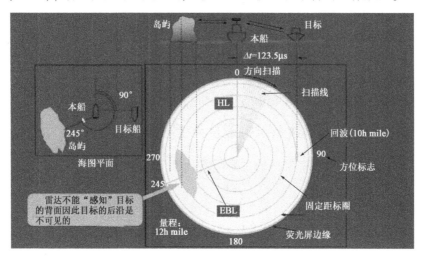

图 5-7　船载雷达测距、测方位原理

5.3.1.2　电磁波的空间传播特性

电磁波在任何介质中传播时都会有损耗,而自由空间损耗则描述了电磁波在空气中传播时的能量损耗,该损耗可根据电磁波在雷达和目标之间的传输过程换算出来。综合考虑发射机损耗 L_t、接收机损耗 L_r、大气损耗 L_A、多路径因子 M,可将雷达接收天线接收回波信号的功率表示为:

$$P_r = P_t \times G_t \times \frac{1}{4\pi R^2} \times \sigma \times \frac{1}{4\pi R^2} \times \frac{\lambda^2 G_r}{4\pi} \times \frac{M}{L_t L_r L_A} \tag{5-1}$$

式中:P_r——接收到的雷达回波功率;

　　　P_t——发射机功率;

　　　G_t——发射天线的增益;

　　　σ——目标的雷达截面面积;

　　　G_r——接收天线的增益;

$L = \dfrac{M}{L_t L_r L_A}$——系统和传播损耗;

　　　R——目标与雷达的距离。

5.3.1.3　风电场对雷达的影响

1)直线遮挡影响

风电场对航海雷达最直接的影响是风机在航海雷达扫描路径上产生的遮挡影响。由于雷达都是以空间直线传播为主,所以在雷达扫掠风电场的过程中会在风机后方产生径向的雷达扫描盲区,会对附近的航道以及船舶的航行产生一定的遮挡影响。风电场对 VTS 雷达的直线遮挡示意图如图 5-8 所示,风电场对航道的遮挡程度取决于航道与风机和雷达的距离、雷达和风机高度以及风机轮毂半径等参数。

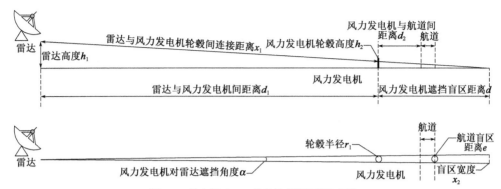

图 5-8　风电场对 VTS 雷达的直线遮挡示意图

2）间接反射假回波

间接反射假回波是指雷达接收到的反射雷达波除了来自目标的直接反射,也可能经由中间反射体间接反射到目标,回波又再经上述反射体间接反射回雷达站,反射示意图见图 5-9。使得一个目标在荧光屏上可能产生两个回波点:除了真回波外,在上述反射体的方位上还会出现一个距离等于反射体至目标的距离与反射体至雷达站的距离之和的假回波,称为间接反射假回波。

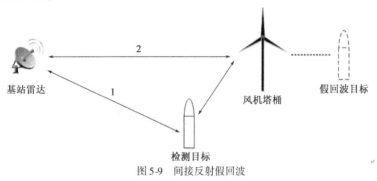

图 5-9　间接反射假回波

3）多次反射假回波

多次反射回波是雷达波在雷达站和正横近距离强反射体之间多次往返反射后,反射波均被雷达天线接收而产生的假回波,这种假回波被雷达接收后显示为远距离的虚假目标从而干扰了雷达的正常检测。多次反射假回波在屏上的显像特点是:在物标真回波外侧,连续出现几个等间距、强度逐渐变弱的假回波,其方位与真回波一致,其形状如图 5-10 所示。

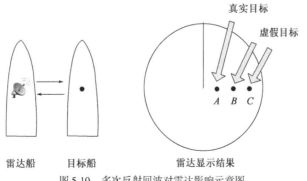

图 5-10　多次反射回波对雷达影响示意图

4) 旁瓣回波

由天线波束的旁瓣扫到近处强反射物标所产生的假回波,称为旁瓣回波。由于旁瓣波束对称分布于天线主瓣波束两侧,故旁瓣回波也对称分布在真回波两侧的圆弧上,形状如图 5-11 所示。

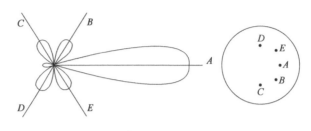

图 5-11　旁瓣回波

5.3.2　基于理论计算模型的风电对航海雷达影响分析

5.3.2.1　雷达的直线传播模型

由于雷达天线是一种定向天线,且航海雷达使用的是 S 和 X 结合的高频段电磁波,因此雷达波具有强直线传播特性。因此,结合风机的外形形状,作出雷达天线与风机各点的连接线和延长线,便可建立风机对雷达直线传播影响的几何模型。根据常用的风机形状,建立风机模型,见图 5-12,将风机主体分为风叶和塔筒两个部分,同时将不规则的风叶形状化为三角形和梯形的结合,建立规则的风机截面模型。基于此,继续建立了雷达的直线传播模型。

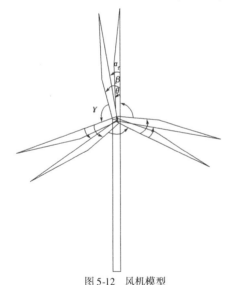

图 5-12　风机模型

根据雷达实际环境和风机规模参数,假设雷达站高度为 h_1,风机轮毂高度为 h_2,雷达与风机间水平距离为 d_1,则可推导出雷达由于风机塔筒遮挡产生的阴影径向距离 d 为:

$$d = \frac{h_2 d_1}{h_1 - h_2} \qquad (5-2)$$

由于风机风叶的旋转对雷达产生的遮挡影响很小,对雷达阴影范围的主要影响因素为风机轮毂,因此根据风机轮毂直径来计算风机对雷达波的遮挡范围。设风机轮毂半径为 r,风机到航道的距离为 d_2,则雷达的风机遮挡阴影面积 s 为:

$$x_1 = \sqrt{(h_1 - h_2)^2 + d_1^2} \qquad (5-3)$$

$$x_2 = \frac{2r(d_1 + d)}{d_1} = 2r + \frac{2rd}{d_1} x_2 = \frac{2r(x_1 + d)}{x_1} \qquad (5-4)$$

$$s = \frac{(2r + x_2) \cdot d}{2} = 2rd + \frac{rd^2}{d_1} s = \frac{2r + x_2}{d/2} \qquad (5-5)$$

其中, x_1、x_2 表示计算中间变量, 最后, 风机对航道影响的盲区距离 e 为:

$$e = \frac{2r(d_1 + d_2)}{d_1} = 2r + \frac{2rd_2}{d_1}e = \frac{2r(d_1 + d_2)}{d_1} \tag{5-6}$$

根据雷达的距离分辨率可计算最大影响角度:

$$\alpha = 2\arcsin\left(\frac{r}{d_1}\right) \tag{5-7}$$

在此计算过程中, 需考虑雷达扫掠风机的过程中风叶旋转的影响。通过对雷达直线传播模型的计算, 可以得到风机对雷达的阴影径向距离和盲区距离, 从而得到风机对航道的遮挡盲区, 对比遮挡盲区与船舶尺寸, 可以得到风机对不同尺寸船舶造成的遮挡影响。

5.3.2.2　间接反射假回波的影响

对风机对雷达目标检测的影响进行分析。根据雷达技术原理, 雷达接收机输入端的接收信号功率 P_r 计算公式为:

$$P_r = \left(\frac{\lambda}{8\pi R}\right)^2 P_t G_A^2 \frac{1}{L_t} \tag{5-8}$$

式中: P_t——雷达发射的功率;

$\quad\ \ G_A$——雷达天线增益;

$\quad\ \ \lambda$——雷达工作波长;

$\quad\ \ R$——雷达站与目标之间的距离;

$\quad\ \ L_t$——发射机天线损耗。

雷达接收机的门限功率(灵敏度) $P_{r\min}$ 为:

$$P_{r\min} = \frac{P_T G_A^2 \sigma_T \lambda^2}{64\pi^3 R^4} \tag{5-9}$$

式中: σ_T——目标的雷达截面面积(Radar Crossover Serface)。

由公式可看出, 随着雷达站与目标之间距离的增加, 雷达接收机信号功率将迅速下降。设风机散射面积 σ_0, 目标与风机之间的距离为 R, 则经过目标反射回波功率为:

$$P'_{r\min} = \left(\frac{\lambda}{8\pi R}\right)^2 P_t G_A^2 \frac{1}{L_t} \times \frac{\sigma_0 \sigma_T}{16\pi^2 R_1^4} \tag{5-10}$$

式中: $\dfrac{\sigma_0 \sigma_T}{16\pi^2 R_1^4}$——风机反射导致的目标回波衰减。

一般来说, 目标几何尺寸越大, 截获的来波功率越大, 且空间不同方向上目标散射能力的大小与目标的形状有密切关系。通过对比间接反射回波功率和雷达接收机灵敏度即可得出是否会在雷达上形成假回波的结论。

5.3.2.3　其他回波的影响

根据多次反射假回波的发生原理, 假回波发生的前提条件是与强反射体相距 1n mile 以内。同时, 由于风机属于电大尺寸复杂散射体。风机的散射截面较之截面面积更小, 风机表面的圆柱几何形状会把雷达波均匀地反射到不同的方向上, 使得反射的雷达波远小于正横近距离强反射体的反射雷达波, 难以形成多次反射假回波。而旁瓣回波可通过雷达系统调试设置来解决。

5.3.3 基于模拟仿真方法的风电对航海雷达影响分析

5.3.3.1 基于 FEKO 软件的雷达电磁波空间分布分析

在实际情况中,风机对电磁波的影响还包括垂直极化散射和水平极化散射等一系列复杂的散射模型,这不仅会增大理论模型的计算量,还易引入误差,因此通过仿真软件模拟出电磁波复杂的空间传播模型,可以轻松地求解实际情况中的电磁分布问题。

FEKO 是南非 EMSS 公司研发的一款基于积分方程方法求解麦克斯韦方程组的任意结构通用三维电磁场仿真软件,可以精确分析电大问题。FEKO 基于经典的矩量法(MoM),并融合了高效快速的求解算法多层快速多级子(MLFMM),同时结合了特别适合处理非均匀介质的 FEM。另外,FEKO 还支持快速的高频近似算法,以及 MoM 与高频方法、有限元法的混合算法,极大地扩大了单一算法的求解范围,将电大尺寸问题的求解能力大大加强。

FEKO 主要分为两个模块:CADFEKO(前处理模块)和 POSTFEKO(后处理模块),前处理又包括模型导入、网格导入和参数化建模几部分,在模型导入阶段,已知雷达和风机的各项参数,在软件中将风机和雷达的经纬度转化为真实的坐标,并按实际情况设置距离、高度和入射角等参数,建立了雷达和风机相对位置模型,见图 5-13。然后建立网格模型,将需要观察的空间转化为网格,比如需要观察在风机影响下海平面的电场分布,于是将海平面加载为多个网格组成的观测区域,见图 5-13,将 400m × 400m 的电场观测区域划分为 80 × 80 的网格,每个网格的大小为 5m × 5m,具体比例可按实际情况设置。最后在参数化建模阶段导入包括介电常数、导电率等相关参数,同时也可以设置激励方式、求解方式、求解内容等函数模型,完成了前处理模块的设置后,可以在后处理模块完成仿真模型的建立,生成计算结果,包括计算报告等,仿真模拟结果见图 5-14,模拟了单部风机周围海平面的电场分布,不同的颜色代表不同的电场强度分布,通过分析电场强度分布可以得到风机对雷达电磁波的影响结果。

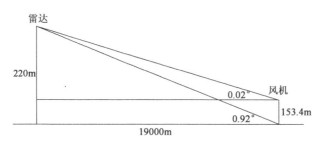

图 5-13 雷达与风机之间的相关关系

分析图 5-14 的仿真结果可知,没有风机时,观测平面的电场值为 1V/m;有风机的情况时,由于金属的反射,风机后方区域($-x$ 方向)电场值减小,在 0.175 ~ 0.7V/m 之间,与风机距离 95m 左右的区域达到最低 0.175V/m;风机前的部分区域($+x$ 方向)电场值有明显增加,最高达到 1.7V/m。风机后电场值较小的区域形状与风机的投影形状相似,即产生遮挡影响的区域形状与风机的投影形状相似。

同理,可以改变电场观测面,建立不同的网格模型,见图 5-15,观测垂直空间上的电场分布情况。

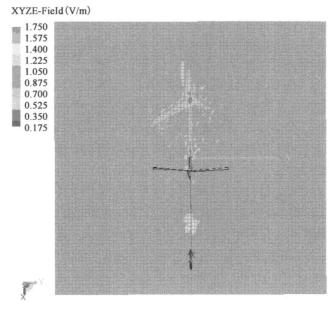

图 5-14　单部风机周围海平面电场分布

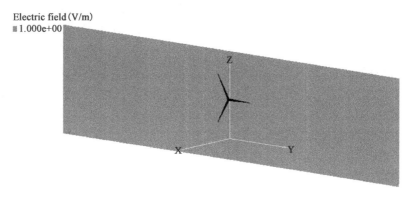

图 5-15　垂直观测面上的电场分布

将 FEKO 软件仿真流程总结如下：

步骤 1，在 CDAFEKO 窗口建立目标(本项目中指风机)的几何模型，由圆柱形状的塔筒和三角形状的风叶组成，包括各项参数。

步骤 2，确定入射波的坐标，包括高度、入射角等，设置入射波的各项参数，包括电磁波的频率、入射波的幅度和初始相位、极化角度等。

步骤 3，设置观察点，确定需要观察的区域大小、位置，并进行网格剖分，根据尺寸和相关需求进行网格划分。

步骤 4，进行求解设置，设置数据存储精度和计算方法，包括矩量法、多层快速多级子方法等，最后保存运行 FEKO，得到计算结果，计算结果显示项目包括表面电流分布、近场辐射场强分布等。

步骤 5，分析观测区域的电磁波场强分布，根据剖分的网格计算受影响区域的面积，比较与航道之间的距离来评估影响程度。

通过 FEKO 仿真软件,可以得到风电场影响下的雷达电磁波在风电场周围的分布状况,进而分析得到风机对邻近空间的电场分布产生的具体影响,包括受风机影响较大区域的距离宽度和盲区面积。对比仿真结果与实际情况中的交通流特征,可以分析得到风电场对船舶航行产生的风险程度。

5.3.3.2 基于雷达模拟器的风机回波观测分析

通过 FEKO 软件对风电场周围的电场分布进行仿真后,可以得出风机对空间中的雷达电磁波分布的影响情况,但是还无法准确获悉风电场对船舶观测的具体影响。因此,可以通过 VTS 模拟工作站来模拟实际情况中的风电场对雷达的回波观测情况。主要利用 VTS 模拟工作站的雷达站模拟功能,回波模拟器主要用来模拟雷达目标的空间运动特性和回波相对于发射波在时间上的延迟特性,通过模拟 VTS 雷达和船载雷达信号,对观测区域进行扫描,得到风机和风电场周围船舶的回波观测结果并显示在观测面板上,更加直观地得到风电场对雷达的回波观测影响。运用雷达模拟器进行风电场工程、附近船舶交通流及自然环境建模,可进一步达到风机回波仿真与分析的目的。本仿真方法的主要工作流程描述如下:

步骤 1,录入风电场的位置信息,包括每个风机的经纬度和形状参数等,完成 VTS 雷达站和船载雷达站参数的设定。

步骤 2,进行 VTS 雷达回波观测试验,控制雷达参数一定,不断改变风电场与船舶的相位距离,观测雷达回波情况,记录径向大小、角向大小与距离参数之间的对应关系。

步骤 3,进行雷达增益的影响研究,在不同的雷达增益下,通过不断改变风机与船舶的相对距离得到当前增益下的径向最小分辨距离和角向最小分辨距离,比较不同增益下的区分能力。

步骤 4,进行船载雷达的观测,设定航路、航道参数,在仿真软件上设定航行船舶,记录船舶航行时的船载雷达回波观测,比较不同距离下船载雷达对风电场的风机之间、风机与船舶之间的区分能力,确定船舶与风机的安全间距。

以下是各步骤的具体操作方法,在输入雷达站、船载雷达、风电场位置、风机参数、船舶位置及相关参数的基础上,通过雷达模拟器分析风机以及船舶在雷达回波上的显示情况,并对雷达正常观测的影响形式和程度进行研究,进一步分析风机附近船舶能在不同雷达(包括船载、岸基)上明显区分显示的条件。

分别设置风电场和目标船舶的分布情况,包括雷达站、风机和船舶经纬度、高度等数据,然后设置了包括雷达工作频段、功率等一系列雷达参数,模拟仿真风机在 VTS 雷达站的回波情况(尺寸大小)和模拟风电场附近不同大小船舶随位置改变时在 VTS 雷达站上的回波情况,如图 5-16 所示。从雷达回波仿真图中可以清楚地观察到风机与船舶之间的区分情况以及雷达与目标之间的距离的影响。例如,通过对图 5-17 进行分析发现随着雷达与目标距离增大,目标回波角向肥大越明显,径向肥大越弱。

进一步对风机回波、静止船舶以及运动船舶回波进行比较分析,可以通过不断改变船舶与风机之间的相对距离,找出风机附近船舶能在不同 VTS 雷达上明显区分显示的边界条件。

除了风机的遮挡会对雷达的观测产生固有影响,雷达自身的参数也会对观测结果产生较大影响。为了探究雷达增益对观测结果产生的影响,可以通过不断改变雷达与目标距离、雷达增益等参数完整分析得到不同雷达增益情况下的雷达径向最小分辨距离和角向最小分辨距离。图 5-18 所示是研究雷达增益影响的仿真流程图。

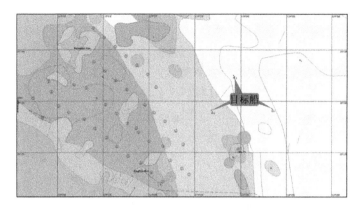

图 5-16　风电场以及目标船分布图

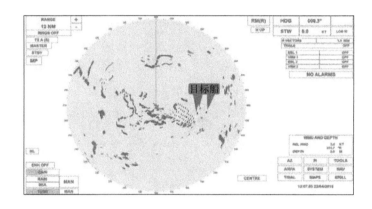

图 5-17　雷达回波仿真图

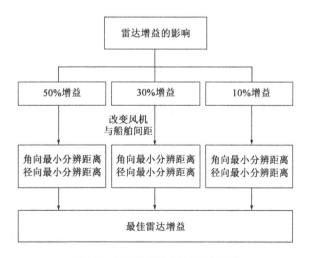

图 5-18　雷达增益影响的仿真流程图

在此过程中,首先固定雷达增益,然后不断改变风机与船舶之间的距离,观测得到可以清晰区分船舶与风机的最小角向分辨距离和最小径向分辨距离,然后改变雷达增益,再次重复上述过程,最后得到不同雷达增益下的最小角向分辨距离和最小径向分辨距离。从已有结论可知,合理调节增益可以适当消除假回波的影响,同时使得雷达的径向最小分辨距离、角向最小分辨距离较小,便于更好地观测过往船舶。

由于风机遮挡对船载雷达观测产生的阴影和假回波干扰同样会对风电场附近航道的船舶航行安全产生威胁,因此通过雷达模拟器仿真的方式研究风电场对船载雷达的影响,如图5-19所示,船载雷达在船舶航行过程中会发生靠近和远离风电场的阶段,通过记录距离变化时的船载雷达回波观测结果来分析风机与船载雷达之间的距离对船载雷达回波观测造成的影响。

图5-19　航道与风电场的相对位置

从已有的研究中得出结论:风机会使附近工作的船载雷达产生一定面积的阴影区,从而造成风机附近小目标丢失的危险,但不会对1000m之外的目标探测造成干扰,同时风机也不会对1000m之外的船舶雷达观测造成明显的扇形阴影区影响;当船舶距离风机小于1.5n mile时会对雷达回波观测产生假回波干扰,可以通过适当降低雷达增益来消除假回波干扰。

5.4　海上风电电缆埋深及铺设要求分析

5.4.1　海上风电场电缆铺设方法

海上风电海底电缆是海上风电场的一个重要的组成部分,根据前文所述,海上风电场海底电缆主要分为场内电缆及场外电缆两个部分。场内风电电缆将风电场内各风机相互连接,并最终将电力送往海上升压站。几种风电场内电缆布设方式如图5-20所示。

场外电缆主要作用是通过连接海上升压站与陆上集控中心,将海上风电场电力输送至岸上并最终并网。

根据水深不同,进行海底电缆埋设的方法也不尽相同,如图5-21所示,在不同水深段,海底电缆在敷缆船舶的引导下,使用拖拉索具及浮球将电缆固定于需埋设位置,并使用船上专业电缆敷设设备进行开槽填埋。

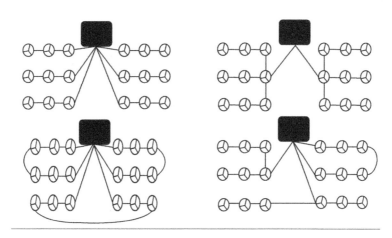

图 5-20　几种海上风电场场内电缆布设方式

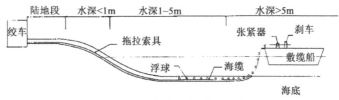

图 5-21　海上电缆登陆段敷设示意图

在深水段,风电场海底电缆通过专业电缆布设船舶进行布设,以 HLA-5 型电缆埋设船为例(图 5-22),电缆施工船上配有海底电缆开槽设备,通过使用高压水枪冲刷海底开槽,并自动将电缆布设并掩埋。

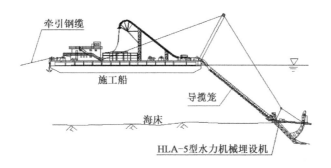

图 5-22　某型号海底电缆施工船舶示意图

除使用水力埋设外,海底电缆埋设方式还可以使用自犁型埋设设备进行埋设,几种用于海上电缆敷设设备如图 5-23 所示。

5.4.2　海上风电场电缆敷设要求及电缆保护

海上风电电缆埋设需考虑水底底质,水上作业、航路情况以及施工方法等各种因素。风电海底电缆通常埋深为 1~3m,且两平行电缆间的间距不应低于该处水深 6 倍。由于埋深较浅,在船舶密集水域,如航道附近时,上方船舶进行锚泊或拖锚淌航时的所抛锚具可能会钩带到海底电缆,造成电缆损坏,见图5-24。

a)水力埋设机

b)自行式埋设犁

图 5-23 几种海上电缆敷设设备

被刮伤的海底电缆

被船锚拉断的海底电缆

图 5-24 由于船舶抛锚而受损海底电缆

　　为加强海底电缆保护,当风电电缆存在穿越航道、航路的情况,还需要加深填埋并在电缆埋设上方加设相应保护层,包括填包覆盖,灌注保护层、敷设岩石等方式,几种加设电缆保护层方式如图5-25所示。

a)铺石保护

图　5-25

b) 敷包保护　　　　　　　　　　　　　c) 构筑保护层

图 5-25　几种海底电缆保护方式

　　根据相关规范和建议要求,风电场电缆敷设应尽可能避免穿越船舶航道、进出港航路、锚地和习惯锚泊区。海底电缆铺设完成后,应满足《海底电缆管道保护规定》中的有关规定。《海底电缆管道保护规定》第七条规定:国家实行海底电缆管道保护区制度。省级以上人民政府海洋行政主管部门应当根据备案的注册登记资料,商同级有关部门划定海底电缆管道保护区,并向社会公告。海底电缆管道保护区的范围,按照下列规定确定:

　　(1)沿海宽阔海域为海底电缆管道两侧各 500m。

　　(2)海湾等狭窄海域为海底电缆管道两侧各 100m。

　　(3)海港区内为海底电缆管道两侧各 50m。

　　一般来说,风电场场区内电缆按照电缆路由两侧各 100m 设置电缆保护区;风电场场外海底电缆路由两侧可根据通航密度及水域宽度划定 500m 的安全保护区域;在风电场登陆点附近沿海底电缆管道两侧各 50m 划定电缆保护区。在电缆保护区内部,严禁从事挖砂、钻探、打桩、抛锚、拖锚、底拖捕捞、张网、养殖或者其他可能破坏海底电缆管道安全的海上作业。

　　同时,在海缆保护区附近还应设置禁锚标志,以提醒过往船舶不得在保护区内锚泊。海底电缆管道保护区划定后,应当报送国务院海洋行政主管部门备案。

第6章　基于 AIS 数据的海上风电选址优化分析

海上风电选址是进行海上风电建设过程中的第一个步骤,在进行选址比较评价过程中,涉及范围较广,需要考虑包括经济、能源、环境、交通、电力等多个方面所涉及的不同问题。2013 年 3 月 1 日,国家能源局颁布实施的《海上风电场工程可行性研究报告编制过程》对海上风电选址方法提出了相应建议和要求,其中主要就海上风电场选址与海洋功能区划、海岛保护规划以及海洋环境保护规划的符合性进行了细致考量,并对海上风电选址对区域电力需求的满足情况及附近水域环境的影响情况等进行全面评估。同时,还需综合考虑海上风力资源分布、海洋环境及天气因素、工程施工底质、通航环境、水上其他水工设施分布等多方面因素。但在规则中,并没有考虑新建海上风电选址可能对附近通航航路和过往船舶安全通航造成的影响。本章节主要对目前国际上主流使用的几种选址方法进行了介绍,并选取了其中几个典型的基于通航安全影响的海上风电场选址分析方法进行介绍。

6.1　海上风电选址因素分析

6.1.1　海上风电选址因素概述

根据海上风电场区域水深及距离陆地远近情况,海上风电场通常分为潮间带和潮下带滩涂风电场、近海风电场、深海风电场三类。其中,潮间带和潮下带滩涂风电场是指在沿海多年平均大潮高潮线至理论最低潮位以下 5m 水深内的海域开发建设的风电场;近海风电场是指在理论最低潮位以下 5~50m 水深的海域开发建设的风电场;深海风电场是指在大于理论最低潮位以下 50m 水深的海域开发建设的风电场。以上三类风电场均包括在相应海域内无居民的海岛上开发建设的风电场。

根据目前我国已开展及已获得审批的海上风电项目选址情况分析,我国在进行海上风电选址过程中主要遵循以下几个基本原则:

(1)考虑水域内风力资源分布及开发难度,保证风电场区集中布置。

(2)符合开发经济效益及市场用电需求,且拟选场址具有良好的并电上网条件。

(3)考虑拟建风电水域海底底质结构及施工难度、水深及浪高等情况。

(4)考虑所在水域内恶劣水文和极端天气的发生概率。

(5)考虑对附近通航环境的影响情况。

(6)考虑与周边其他水工作业设施的协调情况。

(7)满足当地政府对海洋功能区划宏观要求,确保场址与城市规划建设、海岸线和滩涂开发规划相协调。

(8)符合环境保护要求,尽量降低对海洋鸟类和水下渔业资源的影响。

(9)避开通信、电力及油气开发保护水域。

（10）避开军事设施区域。

（11）避免对航空设施设备造成干扰。

（12）符合施工和维护要求且满足经济性方面的考量。

海上风电场作为一种半永久性的人工海上建筑,一旦建成后,会对周围船舶航行造成一定干扰。我国鼓励海上风电深水远岸布局,国家能源局出台的相应建议中曾指出,海上风电场建议在当前及未来开发强度低的海域选址建设,原则上应选择离岸距离不少于 10km 的水域,当滩涂宽度超过 10km 时海域水深不得少于 10m。在各种海洋自然保护区、海洋特别保护区、自然历史遗迹保护区、重要渔业水域、河口、海湾、滨海湿地、鸟类迁徙通道及栖息地等重要、敏感的脆弱生态区域以及划定的生态红线区内不得规划布局海上风电场。海上风电项目选址过程中所需考虑的制约因素见表 6-1。

海上风电场选址制约因素　　　　　　　　表 6-1

制 约 因 素	详 细 描 述
航空因素	某些地区,低空飞行的飞机和直升机将限制风电机组叶片高度或完全不允许建设风电场
电缆	海底通信电缆(包括现有的海上风电场)可能与风电场电缆交叉。应当保持一定的安全距离(通常是几百米),以尽量减少安装维护过程中电缆损坏的风险
自然保护区	出于生态保护的目的,风力发电场不应建在保护区以内
疏浚区	某些地区对疏浚区的河床材料存在特殊作业(如挖沙或开采泥土)。这些操作可能与风力发电场的运行发生冲突
海洋倾倒区	一些海上区域被指定为垃圾填埋区。由于海底条件以及之后可能与持续倾倒行为发生的冲突,这些地区一般都不适合建设风电场
环境影响	海上风电场的建设和运营对环境有一定的影响,例如对鸟类、鱼类或海洋哺乳物群。一些特别容易受到破坏的地区不建议建设海上风电场
渔业	因为船只和渔网将会对风电场结构和电缆造成危害,海上风电场将限制渔业发展
电网容量	风电场在合适的陆上连接点配备足够的电网容量。电网容量小或较长的出口电缆将显著降低技术或经济的可行性
军事区	出于国家安全的考虑或者便于军事演练和武器试验,一些地区可能会受到限制,包括其海底可能存在未爆炸的弹药风险
天然气石油管道	海底管道可能跨越计划内的区域。应保持一定的安全距离(通常是几百米或几百公里),以避免安装或维修海上风电机组过程中对管道的损坏。此外,需要维护好接近管道的路径
天然气石油平台	风电场周围可能有配备员工的近海石油和天然气平台。为了使直升机安全到达该平台,应与风电场保持一定的安全距离(通常是几十千米)
雷达	风电机组可能会干扰军用或民用雷达工作。可以采用技术解决此问题,但可能会增加项目成本
娱乐设施	如海员等娱乐用户可能会反对建设海上风电场
航道	航行船舶往往集中在指定的航道(路)内。风电场选址应远离存在分道通航制航路,以确保航道与其他事物有一定的安全距离。此外,在国家规定或惯例的条框内,各个国家有其自定义的航线
土壤条件	土壤条件将决定适用的基础技术。若土壤条件不利,风电场的建设将非常复杂,且成本高

6.1.2　海上风电场选址通航安全影响因素分析

从通航安全保障来看,海上风电建设应保证工程选址与航道、航路及锚地保持安全间距,原则上不占用航道、航路及锚地水域;海底电缆路由布置也应注意与航道、锚地保持安全距离,禁止海缆路由穿越锚地水域。因此,在进行海上风电场选址阶段,需要综合分析拟建设风电水域的通航环境情况,从而评估海上风电场建成后对附近船舶交通流产生的影响程度,重点需考虑以下几个因素:

6.1.2.1 船舶交通流情况

船舶交通流情况主要包含船舶交通流量、区域交通流方向、交通流宽度分布、交通流密度及交通流速度分布等方面的内容,除此以外,还应考虑船舶类型、尺度等相关因素。一般而言,在交通流密度较大、船舶分布较分散、转向交叉点较多的水域不适合海上风电场的建设,尤其是在交通流交汇密集水域及转向点水域附近。

6.1.2.2 航道分布情况

航道分布情况包括航道位置、宽度、深度及走向、转弯点、碍航物分布、助航灯标布设等多个方面的内容。在风电场建设及运营期间,施工及运维作业都可能会对附近航道内航行船舶产生一定影响,因此在进行风电选址阶段需要综合考虑拟建风电场对航道的影响。

6.1.2.3 其他功能性水域分布情况

海上风电场在进行选址时,对应水域内可能会存在其他海上功能性区域,如船舶锚地、港口、传统渔区及渔业养殖区域、其他水工作业区或军事保护区等,应注意避开。如拟选定的风电场址确实与已有功能性区域发生冲突,则应尽早与当地政府、主管部门进行协调。

6.1.2.4 水上交通事故分布情况

对拟进行海上风电场建设的水域进行历史水上事故搜集,分析该水域通航风险情况,尤其需要重点关注水域内发生船舶碰撞、搁浅等事故的频率。通过使用聚类分析方法对收集到的历史事故数据进行分析,从而识别选定水域内船舶事故发生时空规律。风电场的开发选址应尽量避免选择在历史事故高发区域。

主要分析方法流程及关系如图6-1所示。

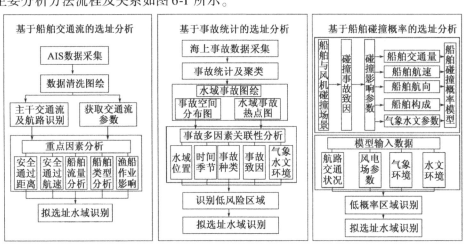

图6-1 主要分析方法流程图

6.2　基于船舶碰撞概率的海上风电场选址分析

根据第 4 章船舶与海上风电场碰撞概率及敏感性分析可知,风电场与航路的距离对船舶与风电场碰撞概率的影响最大。因此,为了保障海上风电场水域船舶航行安全,可以通过控制海上风电场与航路之间距离的方式达到降低船舶与风电场碰撞概率的目的。国外相关研究也表明,在海上风电场选址阶段,合理设置拟建海上风电场与航路的安全距离是保障海上风电场附近船舶通航安全的最直接有效的措施。

6.2.1　碰撞概率可接受标准

在海上风电场水域,所有船舶均存在与风电场碰撞的可能性。为了判断船舶与海上风电场碰撞概率的大小是否会对水域内船舶的航行安全产生影响,需要设置一个评判标准。如果船舶与海上风电场碰撞概率低于该评判标准,那么认为海上风电场的存在不会对船舶航行安全构成明显的影响;否则,认为海上风电场的存在将对船舶航行安全产生明显的影响,需要采取一些措施,包括控制习惯航路、推荐航路与风电场的距离以及实行交通管控等来降低船舶与海上风电场碰撞概率,保障海上风电场水域的船舶航行安全。在下面的分析中,该评判标准即船舶碰撞概率可接受标准。

6.2.1.1　标准制定框架

目前,在海上交通风险评估领域,针对可接受风险标准所进行的研究较为广泛,而有关碰撞概率可接受标准的研究相对较少。因此,在设置碰撞概率可接受标准时,可以参考可接受风险标准的制定原则和方法。可接受风险标准通常是在历史事故数据和专家经验知识的基础上,设置某一特定事件产生的风险的可接受阈值。

英国、德国、荷兰、法国等国家已经根据不同风险的特性制定出不同的可接受风险标准,这些标准的研究均建立在可接受原则的基础之上。ALARP 原则(As Low As Reasonably Practicable,合理最小化原则)是当前应用最为普遍的可接受原则。其中,ALARP 原则在海上交通风险领域应用最为广泛。参照国内外普遍做法,以下将基于 ALARP 原则来确定船舶与海上风电场碰撞概率的可接受标准。基于 ALARP 原则的可接受风险标准通过设定可接受风险标准线和可忽略风险标准线,将特定事件的风险分为三个区域,分别为不可接受风险区、可接受风险区及可忽略风险区,如图 6-2 所示。

对于基于 ALARP 原则的可接受风险标准而言,若经过风险研究计算出某一事故的风险处于不可接受区,需制订有效的风险降低措施,且必须强制性地执行这些措施;若处于可接受区,需在合理可行的原则下,采取风险降低措施;若处于可忽略区,表明当前风险属于可广泛接受的风险,不需要制定额外措施来降低风险。借鉴基于 ALARP 原则的可接受风险标准,确定碰撞概率可接受标准的初步框架,将船舶与海上风电场碰撞概率的可接受标准划分为不可接受碰撞概率、可接受碰撞概率及可忽略碰撞概率三个部分。

6.2.1.2　标准制定方法

船舶碰撞概率是船舶碰撞风险的主要组成部分,与碰撞风险的特性类似,在一定程度上能够反映船舶发生碰撞事故的危险程度。因此,在制定船舶碰撞概率可接受标准时可以参考可接受风险的制定方法。通过查阅相关文献发现,可接受风险标准的制定方法大致包括四种:主观意愿法、风险实况法、协调平衡法以及综合法。

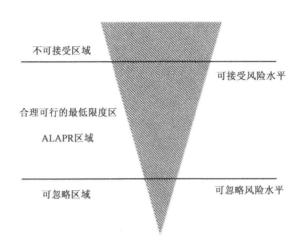

图6-2　基于ALARP原则的可接受风险标准

1）主观意愿法

在设置可接受风险标准时,该方法以风险受众的主观意愿或事故发生后对社会产生的影响程度为主要参考依据,采取分发调查问卷的方式获得相关信息。由于获取的关键信息受人为因素、环境因素及文化因素等诸多因素的影响,运用主观意愿法得出的可接受风险标准主观性过强,不具有良好的准确性。

2）风险实况法

该方法在实际风险状况的基础上确定可接受风险标准,可细分为统计法、对比法及分析法三类方法。其中,统计法是以历史事故数据为参考依据,根据对事故数据的比较分析,设置可接受风险标准。统计法具有操作简单,精确度高的优点,在实际研究中应用较为广泛。对比法是通过横向比较不同类型风险之后,对可接受风险标准进行设置。分析法则是基于对风险产生系统的分析,划定可接受风险标准。

3）协调平衡法

在制定可接受风险标准时,协调平衡法聚焦于确定产生风险方和风险受众之间的风险和利益的平衡关系。根据协调性质,可将该方法划分为主观协调法和客观协调法。当前,协调平衡法已经在国外得以应用,英国健康和安全委员会(Health and Safety Executive)在设置可接受风险标准时采用了该方法的思路。协调平衡法结合了对主观意愿与客观风险实际情况的分析,较为合理、科学。

4）综合法

综合法需至少使用两种方法对可接受风险标准予以确定,通过使用不同方法获取风险标准值,并进行验证,据此制定可接受风险标准。在事故数据充足的条件下,通常可以选用统计法和分析法获取风险标准值,并使用主客观协调法对其进行验证,从而确定可接受风险标准。

综上所述,风险受众的主观意愿法、风险实况法以及协调平衡法各有利弊,结合使用才能更加客观、科学地制定出碰撞概率可接受标准。但是,由于海上风电发展较晚,迄今为止,很少发生船舶与风电场碰撞事故,而且碰撞事故多发生于国外海上风电场,无法获取完整的船舶碰撞事故数据和船舶交通流数据等重要信息,不利于对风险状况的准确评价和判断。因此,风险实况法不适用于有关海上风电场水域船舶碰撞概率可接受标准的研究。为了避免主观臆断,同时借鉴国内外的经验做法,以下将选用协调平衡法来设置碰撞概率可接受标准。

6.2.1.3 碰撞概率可接受标准的确定

基于 ALARP 原则,碰撞概率可接受标准的确定过程主要是求取可忽略标准线和可接受标准线的过程。在采用协调平衡法对该标准进行设置时,以下将借鉴荷兰水防治技术咨询委员会的相关研究。

$$IR < \beta \times 10^{-4} \tag{6-1}$$

式中:β——意愿系数,表示人员参加某一活动的自愿程度和该活动出现事故造成的风险的可接受程度。

荷兰水防治技术咨询委员会在研究过程中,结合分析了风险受众的主观意愿和风险实况,具体方法合理可行。基于荷兰提出的方法,根据 β 值的上限值和下限值计算出风险概率,将获取的风险概率分别设为碰撞概率可接受标准线和碰撞概率可忽略标准线。

在缺乏足够统计数据和原始资料的情况下,专家评分法能够进行定量估计,且具有直观性强的特征。因此,专家评分法将被用于求取 β 值的上限和下限。根据国外相关学者在研究海上风电场水域船舶碰撞风险时设置的可接受碰撞概率范围以及计算的船舶与风电场碰撞概率,需适当扩大 β 的取值范围,最终选取 0.0001、0.001、0.01、0.05、0.1、0.5、1、5、10、50、100 共 11 个数值作为 β 值上限和下限的可供选择数值。在专家评分表中,每一个等级对应的指标的评分范围将设定为 0~100。此外,分别选取 10 名风电企业主管、10 名船长、10 名引航员、30 名海事机构人员以及 20 名航海专业教授共 80 名专业人员作为专家组成员。为进一步规范专家评分法,分别对船长、海事机构人员和引航员的评分权威性确定一个权重,并进行归一化处理,依次为 0.25、0.25、0.2、0.15 和 0.15。总共发放专家评分表 80 份,最终收回 76 份,通过对搜集的专家评分表进行统计和分析,得出船舶与风电场碰撞的概率可接受标准,如表 6-2 所示。

碰撞概率可接受标准 表 6-2

参　　数	上　限　值	下　限　值
β	0.01	0.001
P_f	1×10^{-6}	1×10^{-7}

6.2.2 安全距离计算流程设计

如前文所述,海上风电场与航路的距离是影响船舶与风电场碰撞概率的最主要因素,其合理设置对于海上风电场水域船舶安全航行至关重要。理论上,为确保船舶安全航行和风场正常运营,应尽可能设置足够的安全距离,使得风电场远离船舶交通流密集航路。但在实际情况中,由于风电场建设需占据大面积的可航水域,风电场与航路的距离设置也应考虑资源的合理化应用和有效开发。尤其是对于船舶交通流密度较小的航路而言,船舶与风电场碰撞风险很小,此时仍设置较大距离将造成对水域资源的浪费,不利于水域的发展。

据以上分析,结合碰撞概率可忽略标准和碰撞概率可接受标准,提出风险可忽略距离和可接受距离 d_u 的概念,分别对应可忽略碰撞概率 P_l 和可接受碰撞概率 P_u。将输入数据输入碰撞概率计算模型后,若得出船舶与风电场碰撞概率 $P < P_l$,说明风电场与航路的距离 $d > d_l$,属于广泛可接受的安全距离,船舶与风电场碰撞风险可忽略不计;若碰撞概率满足 $P_l < P < P_u$,说明风电场与航路的距离 $d_u < d < d_l$ 属于可接受的安全距离,即在最低合理可行的原则上,该距离是可以接受的,但该距离的合理性仍需进一步研究,船舶以该距离航行于风电场附近时应谨慎驾驶;若得出 $P > P_u$,说明风电场与航路的距离 $d < d_u$,距离过近,导致碰撞概率超出可接受范围,需要对风电场与航路的距离进行适当调整,必要时还需采取船舶交通管制等其他风险降低措施。

如图 6-3 所示是风电场与航路安全距离的求取流程图。首先,将某个海上风电场水域的船舶交通流数据、自然环境数据、风电场参数以及避碰措施失效模型参数输入碰撞概率模型中;其次,分别设置船舶与风电场动力碰撞场景和漂移碰撞场景,确定两种场景的发生条件。随后,运行碰撞概率模型,计算船舶与风电场发生碰撞的概率,若碰撞概率小于可忽略碰撞概率 P_l 或可接受碰撞概率 P_u,那么认为在当前状态下风电场与船舶航路之间的距离为安全距离,否则需要继续增大船舶航路与风电场之间的距离,直至获取的碰撞概率小于 P_l 或 P_u。

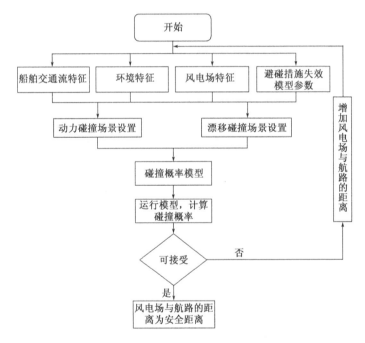

图 6-3 安全距离计算流程图

6.2.3 基于 AIS 数据分析的输入参数提取

船舶交通流分析是定量评价船舶碰撞风险的基础性工作。为定量研究海上风电场船舶碰撞风险,以下将基于船舶交通量、船舶交通分布、船舶速度、交通结构和船舶航舶交通流因素,对船舶与风电场之间的安全距离进行定量分析。考虑到海上风电舶交通流数据的完整性和准确性,在筛选我国所有已经建成和拟建设海上风电场之建的莆田平海湾水域海上风电场 E 区和已经建成的东海大桥海上风电场为研究对两个风电场附近航路的船舶交通流情况,并对一些参数进行设置,以作为安全距离模型的输入参数。

6.2.3.1　平海湾海上风电场 E 区水域交通流分析

平海湾海上风电场 E 区位于莆田市秀屿区平海湾内,场址呈东北～西北走向,东西长4.62～7.01km,南北长 8.54～9.13km,占据水域面积较大,其附近存在多条船舶习惯航路,主要包括东侧大型船舶近岸航路、北侧经文甲口进出湄洲湾的习惯航路以及西侧沿岸中小型船舶习惯航路,风电场 E 区所处位置和附近航路分布图如图 6-4 所示。在众多航路中,大型船舶近岸航路上的船舶交通量最大,船舶交通分布最分散,但与风电场 E 区的距离最远,约为 6.8n mile;经文甲口进出湄洲湾的习惯航路上的船舶交通量最小,船舶交通分布较为集中,与风电场 E 区的距离约为 1.47n mile;沿岸中小型船舶习惯航路距离风电场 E 区最近,其中心线与风电场边界线的最近距离约为 1.35n mile。

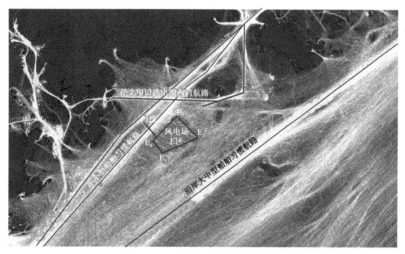

图 6-4　平海湾海上风电场 E 区及附近船舶航迹

基于对每条航路与风电场的距离以及各条航路上船舶交通量的比较分析,以沿岸中小型船舶习惯航路为例,探讨平海湾海上风电场 E 区附近船舶交通流分布对船舶碰撞风险的影响。在沿岸中小型船舶习惯航路上截取一条长度约 5000m 的门线,门线位置如图 6-4 所示。通过解析 2018 年 12 月 1 日至 2018 年 12 月 30 日门线上的船舶 AIS 历史数据,获取沿岸中小型船舶习惯航路上的船舶交通流分布情况。

1)船舶交通分布

对 AIS 数据进行预处理后,提取出门线上的船舶数量数据,得出数据统计期间共有 930艘船舶通过门线,相当于每天有 31 艘船舶在中小型船舶习惯航路上航行,其中上行船舶 428艘,下行船舶 502 艘。随后,对门线上不同位置处的船舶数量进行数个分布拟合,并分别进行 KS 检验(Kolmogorov-Smirnov test,KS test),结果显示船舶在航路上的横向交通分布服从 $\mu = 2431.87, \sigma = 718.50$ 的正态分布。船舶横向交通分布拟合图如图 6-5 所示。

若将船舶数量大于 95% 时的位置界限作为航路的宽度边界,得出沿岸中小型船舶习惯航路的宽度约为 2816.5m,航路上船舶交通分布较为密集,意味着大多数船舶的航线较为固定,仅存在少量船舶偏离既定航路后航行于将与风电场发生碰撞的航路上。

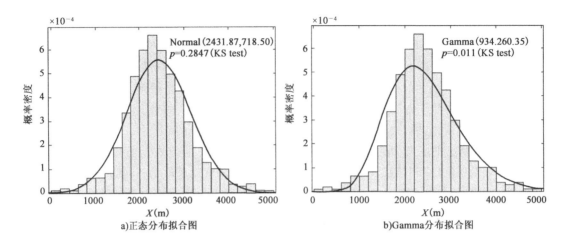

图6-5　船舶横向交通分布拟合图

2）船舶航速分布

沿岸中小型船舶习惯航路上的船速分布模型如图6-6所示。经 AIS 数据统计及分布检验得出,船舶在中小型船舶习惯航路上航行时,航速在 2 ~ 15kn 之间,船舶航速服从均值为 8.16、标准差为 2.08 的正态分布。仅存在极少量船舶航速超过15kn 的现象,这说明在经过风电场 E 区附近时,大多数船舶为了便于调整航速以随时应对紧迫局面,尽量选择安全航速,不会高速或全速航行。航速过大易导致船舶难以避让风电场。但另一方面,航速越大,船舶驶过风电场水域所需的时间越短,同样地,处于将与风电场发生碰撞的风险中的时间越短。

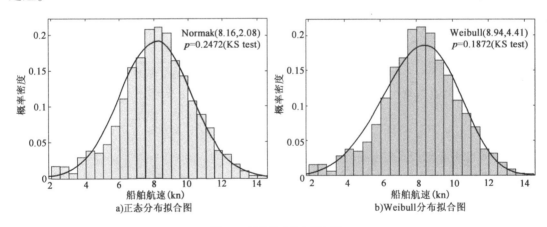

图6-6　船舶航速分布拟合图

3）船舶交通流组成分布

在风电场 E 区西侧的沿岸中小型船舶习惯航路内,货船、危险品船、渔船为主要类型船舶。其中,货船主要包括散货船、集装箱船和杂货船,危险品船主要涵盖油船、化学品船和液化气船。除此以外,也存在部分工程船、巡逻艇及海上风电维修服务船。船舶种类及平均船长的分布见表6-3。

船舶种类及平均船长的分布　　　　　　　　　表 6-3

船舶类型	货船	危险品船	渔船	其他船舶	上下行总流量	合计
上行	28.2%	3.5%	8.6%	6.6%	46.9%	100%
下行	32.6%	5.2%	7.9%	7.4%	53.1%	
平均船长	233m	190m	31m	125m	181m	181m

4) 船舶航向分布

从图 6-7 中可以明显看出,沿岸中小型船舶习惯航路为双向通航航路,上行船舶航向范围为 30°~80°,下行船舶航向范围为 200°~260°。通过上下行船舶航向统计,得出船舶航向分布情况,如图 6-8、图 6-9 所示。

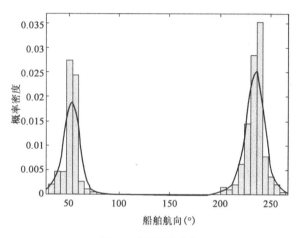

图 6-7　船舶航向分布

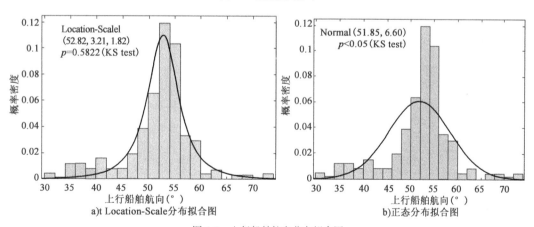

a)t Location-Scale 分布拟合图　　　　　b)正态分布拟合图

图 6-8　上行船舶航向分布拟合图

上下行船舶航向均服从 t Location-Scale 分布,其中,上行船舶航向分布的均值为 52.82,标准差为 3.21,自由度为 1.82;下行船舶航向分布均值为 234.37,标准差为 5.60,自由度为 2.69。风电场左侧边界的水平夹角约 48°,航路大致平行于风电场左侧边界。上行船舶航向较下行船舶航向的分布更密集,表明上行船舶更可能沿着航路航行,而下行船舶更可能朝向风电场航行。

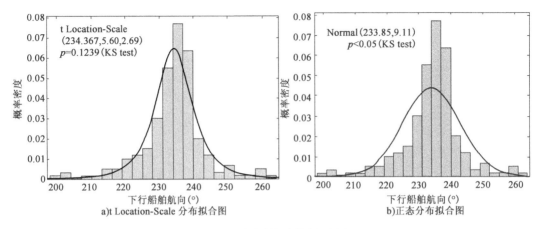

a)t Location-Scale 分布拟合图　　　　b)正态分布拟合图

图6-9　下行船舶航向分布拟合图

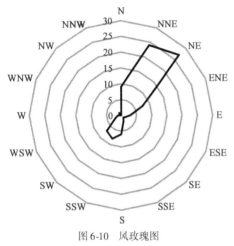

图6-10　风玫瑰图

5）潮流分布

在平海湾海上风电场 E 区水域，潮流具有明显的往返流性质，流向以 12°～22° 和 202°～212° 为主，平均流速介于 0.67～0.82m/s 之间；风向以东北向、北向为主，累计平均风速为 8.6m/s，风向分布如图 6-10 所示。此外，平海湾水域的年平均雾日约为 21 天。

基于上述对风电场 E 区水域的船舶 AIS 数据进行统计分析，得出船舶在沿岸中小型船舶习惯航路内的交通分布、航速分布基本服从正态分布，航向分布呈现明显的上下行分布，且均服从 t Loca-tion-Scale 分布。根据所获得的风电场数据、船舶交通流数据和自然环境数据，确定具体的模型输入参数取值，见表6-4。

参 数 取 值　　　　　　表6-4

因子	航路长度	船舶交通量（艘/月）		航路水平角	船舶装载情况	船舶交通分布
	（n mile）	上行	下行			
取值	10	334	431	52°	满载	$N(2432,719)$

因子	航向分布		风电场规模	水流		船舶航速分布
	上行	下行	（m²）	平均流速(m/s)	主流向	
取值	$T(53,3,1.8)$	$T(234,6,2.7)$	8500×7000	0.73	12°～22° 202°～212°	$N(8.16,2.08)$

6.2.3.2　东海大桥海上风电场水域交通流分析

东海大桥海上风电场位于上海东海大桥东侧 1km 以外的海域，平行于东海大桥布置，沿东海大桥长为 2.06～3.09km，垂直于东海大桥长为 3.51～4.76km，占据水域面积将近 8.52km²。风电场与东海大桥距离较近，其附近主要包括四条通航孔航道，分别为：一号通航孔航道、二号通航孔航道、三号通航孔航道和四号通航孔航道。在四条航道中,二号通航孔航道上的船舶交通量最大,日通航流量约为 50 艘,距离风电场最远约 1.9n mile,最近约 1.3n mile;三号通航孔航道虽然距离风电场最近,最近距离仅为 0.5n mile,但交通流量最小,且船舶交通流分布稀疏;一号通航孔和四号通航孔与风电场的距离较远,均超过 4.5n mile。

　　基于对四条航道与风电场的距离以及交通流量的比较分析,以东海大桥二号通航孔航道为例,探讨船舶交通流分布对船舶与东海大桥海上风电场碰撞风险的影响。通过解析 2018 年 12 月 1 日至 2018 年 12 月 30 日东海大桥海上风电场水域的船舶 AIS 历史数据,得出风电场水域的船舶交通流数据。如图 6-11 所示,左侧是 AIS 数据处理前形成的船舶航迹点,右侧是 AIS 数据经筛选和插值之后的船舶航迹。随后,在二号通航孔航道上截取一条长度约 6000m 的门线,门线位置如图 6-11 所示。最后,通过对门线上的 AIS 统计数据进行分析及拟合检验,获取二号通航孔航道上的交通流分布规律。

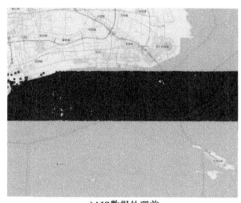 

a)AIS数据处理前　　　　　　　　　　　　　　　b)AIS数据处理后

图 6-11　东海大桥海上风电场水域 AIS 数据处理前后的船舶航迹点

1)船舶交通分布

　　通过统计门线上的船舶数量数据,得出数据统计期间共有 1512 艘船舶通过门线,相当于每天约有 50 艘船舶在二号通航孔航道上航行,其中,上行船舶 901 艘,下行船舶 599 艘。对该条门线上不同位置处的船舶数量数据进行分布拟合和检验,结果显示船舶在航路上的横向交通分布服从 $\mu=2760.02$,$\sigma=566.35$ 的 Logistic 分布,如图 6-12 所示。

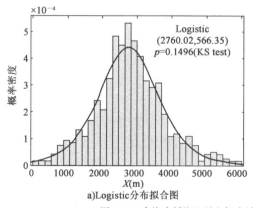 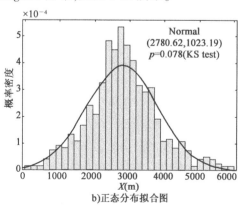

a)Logistic分布拟合图　　　　　　　　　　　　　　b)正态分布拟合图

图 6-12　东海大桥海上风电场水域 AIS 数据处理前后的船舶航迹点

根据船舶交通分布标准差可知,二号通航孔航道内的交通分布相较于沿岸中小型船舶习惯航路更为密集,表明船舶更不可能接近风电场航行。与风电场距离越远,船舶与风电场碰撞风险越小。

2)船舶航速分布

经船舶 AIS 数据统计及分布检验得出船速分布模型如图 6-13 所示,船舶在二号通航孔航道内航行时,航速在 2～14kn 之间,船舶航速服从均值为 7.28、标准差为 1.73 的正态分布。此外,仅存在少量船舶航速超过 10kn,这说明船舶在航经东海大桥海上风电场附近时,实际航速较小。在二号通航孔航道内,船舶航速均值和航速标准差均小于沿岸中小型船舶习惯航路,这主要是因为风电场和东海大桥的存在,导致船员会尽量选择以较小的航速通过航道。

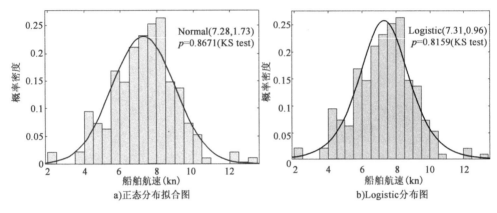

图 6-13　船舶横向交通分布拟合图

3)交通结构特征

东海大桥二号通航桥孔属于东海大桥 5000 吨级船舶主通航桥孔,航行于内航线上的船舶通常从该桥孔通过。在二号通航孔航道内,货船、危险品船、渔船是主要的航行船舶。根据对船舶交通流数据的统计,得出船舶种类及平均船长的分布,见表 6-5。

船舶交通结构特征　　　　　　　　　　　　　　　　表 6-5

船舶类型	货船	危险品船	渔船	其他船舶	上下行总流量	合计
上行	20.4%	4.1%	17.6%	9.5%	51.6%	100%
下行	18.8%	3.3%	17.9%	8.4%	48.4%	
平均船长	221m	187m	35m	120m	135m	135m

4)船舶航向分布

从图 6-14 中可以看出,二号通航孔航道为双向通航航道,上行船舶航向范围为 30°～90°,下行船舶航向范围为 200°～280°。通过对上下行船舶航向的统计和分布检验,得出船舶航向分布情况如图 6-15、图 6-16 所示。上下行船舶航向均服从 t Location-Scale 分布,其中,上行船舶航向分布的均值 57.45,标准差为 2.74,自由度为 1.71;下行船舶航向分布均值为 236.07,标准差为 3.92,自由度为 1.35。同样地,对于二号通航孔航道而言,上行船舶航向较下行船舶航向的分布更为密集,但是两者的标准差均小于沿岸中小型船舶习惯航路,说明相比于沿岸中小型船舶习惯航路,二号通航孔航道内的船舶更不易偏离航路方向航向。

5)潮流分布

在东海大桥海上风电场水域,潮流形式基本为往复流类型,涨潮流主要方向为 260°~270°,落潮流方向为 90°~100°,平均流速为 0.78~1.14m/s;风向以北向和东北向为主,平均风速为5.68m/s。此外,东海大桥海上风电场区域为我国沿海的雾多发区,雾多发生于冬春季节,年平均雾日约为 31 天。风玫瑰图如图 6-17 所示。

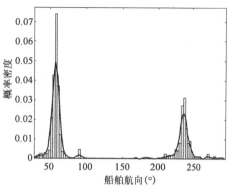

图 6-14　船舶航向分布拟合图

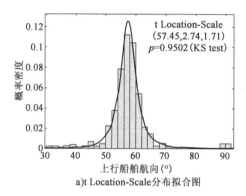

a)t Location-Scale分布拟合图

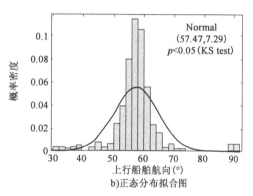

b)正态分布拟合图

图 6-15　上行船舶航向分布拟合图

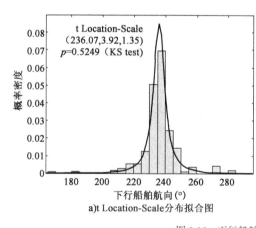

a)t Location-Scale分布拟合图

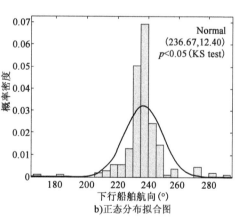

b)正态分布拟合图

图 6-16　下行船舶航向分布拟合图

通过对风电场水域的 AIS 数据进行统计分析,得出二号通航孔航道内的船舶交通、船速和航向分布,结合自然环境和风电场参数,设置参数取值见表 6-6。

参　数　取　值

表 6-6

因子	航道长度 (n mile)	船舶交通量(艘/月)		航路水平角	船舶装载情况	船舶交通 分布
		上行	下行			
取值	10	401	390	46°	满载	$LG(2760,566)$

续上表

因子	航向分布		风电场规模 （m^2）	水流		船舶航速 分布
	上行	下行		平均流速（m/s）	主流向	
取值	$T(57,3,1.7)$	$T(236,4,1.4)$	4800×2100	0.85	$260° \sim 270°$ $90° \sim 100°$	$N(7.28,1.73)$

6.2.4 安全距离界定分析

在本节分析中,海上风电场与航路安全距离是在船舶与风电场碰撞概率 P 的基础上进行计算的,根据对船舶与风电场碰撞概率模型的分析可知,碰撞概率 P 与诸多参数有关,因此,在界定风电场与航路安全距离时,也应重点考虑这些参数的变化情况。在不同参数设置下,对比碰撞概率可接受标准,最终得出的安全距离范围也不尽相同。考虑到碰撞概率与安全距离之间的相关联系,以平海湾海上风电场 E 区和东海大桥海上风电场为例,将船舶交通量 Q、船舶交通分布标准差 σ_s、船舶平均航速 v、风电场边界长度 L_f 作为主要参数,深入探索不同参数设置下的风电场与航路之间安全距离的定量化界定。由于安全距离与船舶航速标准差 σ_v 的关联不大,因此,不考虑 σ_v 的变化对安全

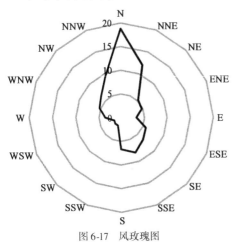

图 6-17 风玫瑰图

距离界定的影响。根据两个海上风电场水域船舶交通流和风电场规模等实际数据,设计 4 组试验方案,如表 6-7 所示。对于这 4 组试验,风电场与航路之间的距离均在 $400 \sim 18000\text{m}$ 之间变动。

试 验 参 数 设 计   表 6-7

试 验 组 别	试 验 参 数			
	Q（艘）	σ_s	v（kn）	L_f（m）
1	$6000 \sim 24000$	800	9	7000
2	10000	$400 \sim 1300$	9	7000
3	10000	800	$5 \sim 14$	7000
4	10000	800	9	$3000 \sim 10000$

6.2.4.1 船舶交通量 Q 变化下安全距离的界定

在 Q 取不同值、其他参数一定时,碰撞概率 P 随风电场与航路的距离 d 的变化趋势如图 6-18 所示,其中,①代表针对平海湾海上风电场的变化曲线,②代表针对东海大桥海上风电场的变化曲线。根据碰撞概率可忽略标准线和碰撞概率可接受标准线,得出风电场与航路安全距离 D 随 Q 的变化曲线,如图 6-19 所示。从总体趋势来看,船舶交通量越大,风电场与航路的距离越小,碰撞概率越大。安全距离 D 随 Q 的增加而增加,且增加幅度较为均匀。在当前

参数设置下,平海湾海上风电场 E 区与附近航路的风险可接受安全距离为 0.97 ~ 1.50n mile,
风险可忽略安全距离为 4.97 ~ 7.66n mile;东海大桥海上风电场与附近航路的风险可接受安
全距离为 0.66 ~ 1.08n mile,风险可忽略安全距离为 4 ~ 6.52n mile。

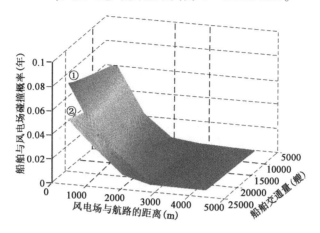

图 6-18　碰撞概率 P 随船舶交通量 Q 的变化曲线

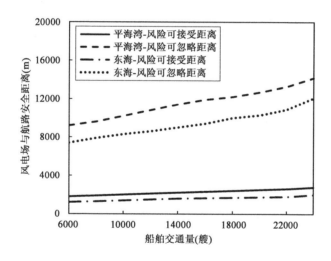

图 6-19　安全距离随船舶交通量 Q 的变化曲线

6.2.4.2　船舶交通分布标准差 σ_s 变化下安全距离的界定

在 σ_s 取不同值,其他参数一定时,碰撞概率 P 随风电场与航路的距离 d 的变化趋势如
图 6-20 所示。根据碰撞概率可忽略标准线和碰撞概率可接受标准线,得出风电场与航路安
全距离 D 随 σ_s 的变化曲线,如图 6-21 所示。总体而言,船舶交通分布标准差越大,风电场
与航路的距离越小,碰撞概率越大。安全距离 D 随 σ_s 的增加而增加,当 $\sigma_s < 900$ 时,安全距
离随 σ_s 的变化趋势较为缓和,说明此时 σ_s 的变化不会对安全距离产生明显影响;当 $\sigma_s >$
900 时,安全距离的波动较为明显。在当前参数设置下,平海湾海上风电场 E 区与附近航路
的风险可接受安全距离为 1 ~ 1.51n mile,风险可忽略安全距离为 5.36 ~ 8.42n mile;东海大
桥海上风电场与附近航路的风险可接受安全距离为 0.87 ~ 1.40n mile,风险可忽略安全距离

为 5.23 ~ 7.78n mile。

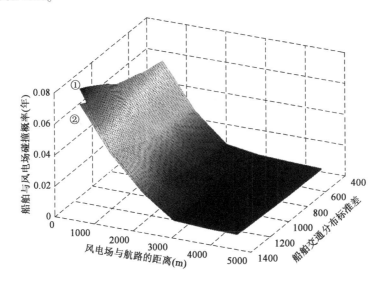

图 6-20　碰撞概率 P 随船舶交通分布标准差 σ_s 的变化曲线

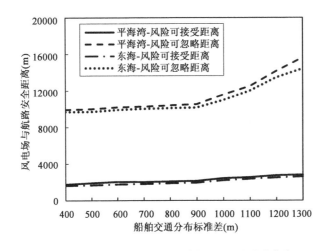

图 6-21　安全距离随船舶交通分布标准差 σ_s 的变化曲线

6.2.4.3　船舶平均航速 v 变化下安全距离的界定

在 v 取不同值,其他参数一定时,碰撞概率 P 随风电场与航路的距离 d 的变化趋势如图 6-22所示。根据碰撞概率可忽略标准线和碰撞概率可接受标准线,得出风电场与航路安全距离 D 随 v 的变化曲线,如图 6-23 所示。从图中可以看出,碰撞概率随着船舶平均航速 v 的增大,先减小后增大。当 $v < 9kn$ 时,安全距离 D 基本上随着船舶平均航速 v 的增大而减小;当 $v > 9kn$ 时,安全距离 D 反而随着船舶平均航速 v 的增大而增大。在当前参数设置下,平海湾海上风电场 E 区与附近航路的风险可接受安全距离为 1.07 ~ 1.46n mile,风险可忽略安全距离为 5.40 ~ 7.12n mile;东海大桥海上风电场与附近航路的风险可接受安全距离为 0.86 ~ 1.19n mile,风险可忽略安全距离为 4.85 ~ 6.71n mile。

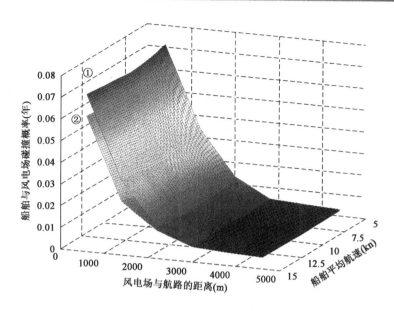

图 6-22　碰撞概率 P 随船舶平均航速 v 的变化曲线

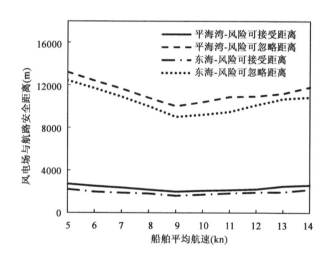

图 6-23　安全距离随船舶平均航速 V 的变化曲线

6.2.4.4　风电场边界长度 L_f 变化下安全距离的界定

在 L_f 取不同值,其他参数一定时,碰撞概率 P 随风电场与航路的距离 d 的变化趋势如图 6-24 所示。根据碰撞概率可忽略标准线和碰撞概率可接受标准线,得出风电场与航路安全距离 D 随 L_f 的变化曲线,如图 6-25 所示。整体而言,风电场边界长度越长,风电场与航路的距离越小,碰撞概率越大。风电场与航路安全距离 D 随风电场边界长度 L_f 的增加而增加,但相对于其他参数而言,波动范围有限。在当前参数设置下,平海湾海上风电场 E 区与附近航路的风险可接受安全距离为 $0.98 \sim 1.41$n mile,风险可忽略安全距离为 $5.35 \sim 7.83$n mile;东海大桥海上风电场与附近航路的风险可接受安全距离为 $0.77 \sim 1.16$n mile,风险可忽略安全距离为 $5.03 \sim 7.19$n mile。

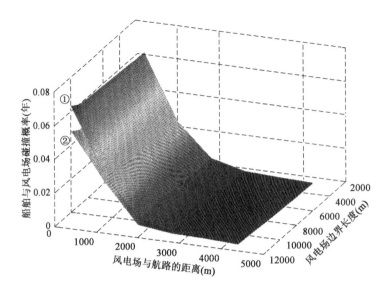

图 6-24　碰撞概率 P 随风电场边界长度 L_f 的变化曲线

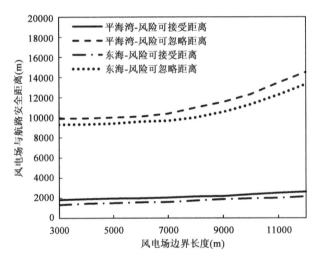

图 6-25　安全距离随风电场边界长度 L_f 的变化曲线

综上可知,风电场与航路之间的安全距离随着 Q、σ_s 以及 L_f 的增加而增加,随着 V 的增大先减小后增加,且安全距离随这四个参数的变化趋势与 P 的变化规律相对应。在这四个参数中,安全距离随 σ_s 的变化最大,而随 L_f 的变化最小,说明缩小密集船舶交通流的宽度可以有效降低船舶与风电场碰撞的概率,从而降低对于风电场与航路安全距离的要求,建议在制定海上风电场水域船舶航行安全保障措施时,进行交通管制,适当缩小风电场附近交通流的宽度。

在本节参数设置下,平海湾海上风电场 E 区与航路的风险可接受距离为 0.97 ~ 1.51n mile,风险可忽略距离为 4.97 ~ 8.42n mile,东海大桥海上风电场与航路的风险可接受距离为 0.66 ~ 1.40n mile,风险可忽略距离为 4 ~ 7.78n mile。相比于平海湾海上风电场 E 区,东海大桥海上风电场与附近航路的可接受安全距离和可忽略安全距离较小,主要有三方面原因:

一是二号通航孔航道的船舶交通分布比较集中;二是东海大桥海上风电场的规模较小;三是水域风速较小,导致船舶发生故障后的漂移速度较小。因此,即使二号通航孔航道上的船舶交通量更大,二号通航孔航道上的航行船舶与东海大桥海上风电场碰撞的概率仍然小于沿岸中小型船舶习惯航路上的航行船舶与平海湾海上风电场 E 区碰撞的概率。

此外,拟建的平海湾海上风电场 E 区与沿岸中小型船舶习惯航路的实际距离约 1.35n mile,大于风险可接受安全距离 1.12n mile,小于风险可忽略距离 5.97n mile,说明在当前状态下,海上风电场 E 区与该航路的距离属于合理可接受的安全距离,可以在合理可行的条件下,重新进行风电场选址或实施交通管制以降低碰撞风险。已经建成的东海大桥海上风电场与二号通航孔航道的距离最近达到 1.3n mile,最远达 1.9n mile,均大于风险可接受安全距离 0.99n mile。通过从洋山港海事机构搜集水域事故统计数据发现,东海大桥海上风电场自建成以来,并未发生船舶与风电场碰撞事故,说明东海大桥海上风电场建设并未对附近船舶安全航行产生明显的影响,这也从侧面反映了东海大桥海上风电场与附近航道的距离处于风险可接受水平。

相对于 MCA 提出的安全距离范围,上述分析得出的风险可接受安全距离的阈值更小,在确保船舶通航安全水平满足行业标准的情况下,提出的安全距离模型能够更好地优化海域资源配置,同时也能够减小对原船舶交通流的压缩以及通航环境的改变,在一定程度上减少海上风电场建设对船舶通航安全的影响。

6.3 基于 AIS 历史数据的海上风电场选址方法

基于 AIS 历史数据的海上风电场选址方法是目前国际上最为广泛使用的一种考虑海上通航环境的海上风电场选址方法,该方法通过对拟选址水域历史 AIS 船舶轨迹数据进行分析,同时综合考虑水域内交通流分布情况、通航船舶种类、船舶季节性分布变化、风电场安全间距、水深、海上功能区等多因素条件,对海上风电场具体位置、建设规模及布设方式进行规划和设计。

基于 AIS 历史数据的海上风电场选址方法在应用过程中主要包括以下步骤。

1)步骤一:AIS 原始数据收集

在进行 AIS 数据收集时,应注意所收集数据的时间跨度及空间范围。由于水域内船舶通过数量较多,且船舶汇报数据频率较高,因此收集的 AIS 原始数据量较大,在处理上存在一定困难。一般而言,在时间跨度选择上应注意选取具有代表性的一段时间作为分析区段,如选择不同季节内某个月度的 AIS 数据进行分析,时间跨度选择不宜过长。从空间范围角度来说,单次进行分析的空间范围既不宜过大也不能过小。研究对象选取范围过大会导致处理数据繁杂,数据包含的无效信息过多,会对数据的清洗和读取带来一定干扰。相反的,选择过小规模的水域空间作为研究对象则不能清楚地体现该水域内交通流走向和具体分布情况。通常来说选择水域半径 10 ~ 50n mile 大小的水域空间作为研究对象较为适宜。

2)步骤二:AIS 数据清洗和解码

在完成 AIS 原始数据收集步骤后,需要对收集来的 AIS 数据进行清洗和解码工作。由于海上数据传输存在一定的不稳定性,且部分船舶可能在进行数据输入时存在错误,收集到的数据中存在一定的无效或缺失数据。可以使用专用的 AIS 数据解码软件对收集到的数据进行解码,并将报文转译为可以阅读的文本信息,再通过设定相应的筛选条件对文本信息进行筛选过滤,最终获得有效的 AIS 分析数据。

3)步骤三:AIS 数据标绘及航路识别

在获得了有效的 AIS 历史数据之后,需要使用专业软件对 AIS 数据进行标绘。标绘所提供的船舶交通流量分布情况图可以为海上风电场选址提供重要的依据。船舶 AIS 航迹如图 6-26 所示。

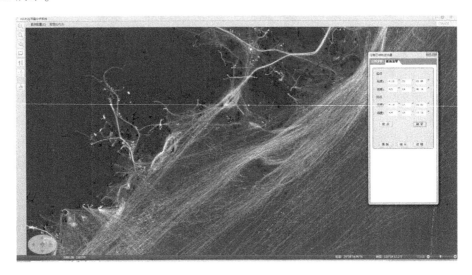

图 6-26　船舶 AIS 航迹

通常来说,海事管理部门会在沿海水域划定一些主干航路,此类航路可通过参考最新海图即可进行识别。但在沿海水域还存在大量的习惯航路或小型船舶航路,此类航路在相关资料上并未明文规定。为了识别出水域内船舶习惯航路分布情况,可以人为对航路每天通过船舶的数量设定阈值,从而识别出船舶习惯航路的分布、走向和航路宽度等信息。

4)步骤四:获取拟选址水域附近交通流信息

通过使用 AIS 历史船舶轨迹图可以识别出所分析水域内的交通流大致分布情况,根据所分析水域情况及拟定的风电场选址概位,可以在选定位置附近通过设置门线的方式截取特定航道(路)的交通流情况。并可对海上风电场建成后附近交通流改变情况进行相应预测,从而研究风电场选址对船舶交通流位置、宽度、船舶数量等各方面的影响。如图 6-27 所示。

5)步骤五:关键因素分析

(1)船舶通过风电场安全距离分析。

为避免船舶误入海上风电场,海上风电场在建设时应与现有航道或航路保持一定安全距离。参考国外对船舶通过风电场附近最小安全距离的要求,英国 MGN543 提出所有过往船舶通过海上风电场时,与风电场最小间隔距离不得小于 0.5n mile。根据目前我国对于海上风场建成前后交通流统计分析也发现,船舶过往风电场安全距离基本保持在 1000m 左右。因此,在进行选址的过程中,应至少保证现有航路边际距离风电场最小距离不低于 0.5n mile。

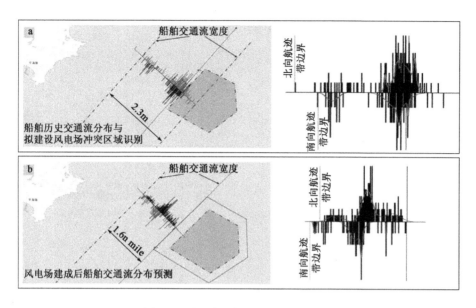

图 6-27　交通流门线设置及流量截取图例

（2）风电场区附近交通流特征分析。

通过分析 AIS 数据,可以对水域内的不同类型船舶占比、数量分布及航路选择偏好等进行研究。海上风电场建设选址应避免与船舶习惯航路及锚地产生冲突,同时尽量降低对习惯航路的影响。

该研究对拟进行风电开发水域内的船舶交通流进行了分类分析,案例中分别识别出了该水域内货船航路、危险品及油船航路、工作船舶航路和客渡船舶的历史航路轨迹,并在选址规划过程中针对性地对危险品船舶历史航路进行了回避。部分学者就不同类型船舶通过已建成海上风电场最小距离分布进行了相应的研究和统计,结果表明,不同类型船舶通过风电场保持的最小安全距离与船舶类型具有高度关联性,如图 6-28 所示。

统计结果表明,在经过海上风电场水域时,危险品船舶需要保证较远的安全距离,以 1.5 ~ 2n mile 为宜;普通货船最小距离一般在 0.5 ~ 1n mile 分布最为密集;渔船和运维工作船舶由于其作业性质的特殊性,通过安全距离最小。在进行海上风电场选址时可以参考该研究结论,以在设计选址阶段合理避开影响较大的船舶交通流,从而降低对通航环境的影响。对船舶流量进行统计还能够识别出交通流密集区,在该区域内进行风电场选址则需要重点考虑风电场对交通流密度的影响。

（3）季节性交通流变化差异分析。

在水文条件和船舶交通流具有明显季节性变化的水域,还需要选择不同季节内的 AIS 数据进行比对分析,从而获取选址水域附近交通流季节差异变化。船舶季节性差异主要体现在气候条件差异、水文条件差异、船舶类型差异、船舶航行方法差异等方面。我国沿海水域多具有明显的季节性变化规律,夏季时南方地区多受台风等恶劣天气影响,且我国大部分沿海区域多受到季风影响,季节性风向转变明显。在进行海上风电场选址时,应综合分析不同季节海上交通流的分布特征,充分了解不同环境下水域内船舶交通流可能发生的变化,保证风电场的施工运营在不同季节内对通航环境造成的影响不会发生明显的变化,并能够根据交通流季节性差异提出有效的安全防范与保障措施。

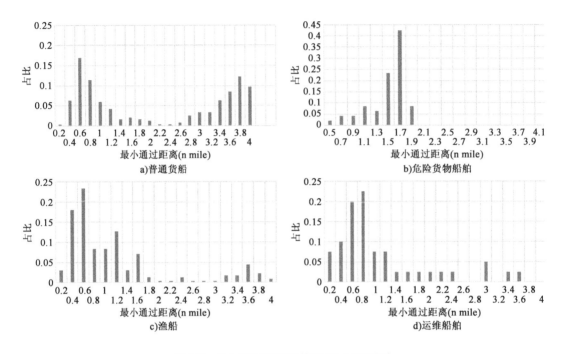

a)普通货船   b)危险货物船舶

c)渔船   d)运维船舶

图6-28 海上风电场附近船舶通过最小距离统计

(4)渔船航行规律及时空特征分析。

我国沿海存在大量的渔业作业与养殖区域,在捕鱼期内,沿海水域分布有大量的作业渔船。海上风电场建设可能与传统渔业作业产生的冲突主要体现在三个方面:一是新建风电场侵占传统渔区,妨碍渔船进行捕鱼作业;二是侵占渔船习惯航路;三是侵占传统渔业水产养殖区域。若海上风电场侵占传统捕鱼区域可能会导致渔船在风电场建设与运营阶段闯入风电场场区进行捕鱼作业,或在附近作业,但与风电场间不满足安全距离保障要求,从而增加了渔船碰撞风险。渔船可能会由于各种原因继续保持其习惯航路,可能在风电场区内穿行驶过,这也会增加渔船对风机的碰撞风险。若海上风电场选址与传统水产养殖作业区域发生冲突,在建成后可能会面临养殖区域与风电场区域重叠的问题,一方面增加了场区内小型船舶闯入的频率,另一方面养殖设备的布设也会对风电场正常施工或运维作业造成明显干扰。

当前已有研究对我国已建成海上风电场内船舶数量及特征变化进行了季节性分析。研究结果表明风电场周围船舶通过数量和平均安全距离分布在渔汛期与禁渔期有明显的变化,如图6-29所示,渔汛期(秋、冬两季)内风电场附近过往船舶数量要远高于禁渔期(春、夏两季)。对比其他船舶而言,渔船在海上风电场附近通过时的平均最小距离更小,渔船等小型船舶碰撞事故的概率要远高于禁渔期。因此,进行海上风电选址时需要对以上季节性变化情况进行考虑,从而降低渔船作业与风电场开发的相互干扰。

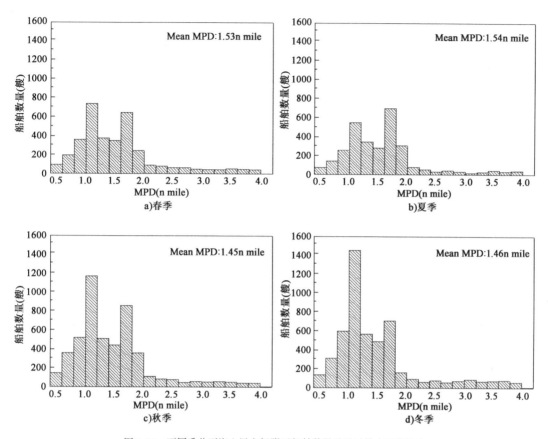

图 6-29 不同季节下海上风电场附近船舶数量及通过最小距离统计

6)步骤六:风电选址

在完成以上分析步骤后,可根据船舶交通流信息开展初步选址工作。设计单位可将存在的可行场址及场区设计方案通过标绘的方式进行呈现,再通过使用 GIS 图层技术或其他类似方法,将基于其他考量因素(如风能分布、水深、环境影响、经济效益、施工难度等)选择的目标场址进行叠加,从而形成最优的海上风电场目标选址。

6.4 基于历史事故数据的海上风电场选址评价

在进行海上风电场选址工作时,如发现拟建设风电场位于传统航路附近,水域内船舶流量较大,通航环境复杂时,还需要收集该水域的历史事故数据,通过统计分析了解区域内高风险水域的分布情况,并通过事故统计和时空关联的方法对该水域事故风险的高低进行评价,从而为海上风电场选址提供基于船舶通航风险考虑的依据。

一般而言,根据海上风电场建设方式和选址的不同,风电场对附近船舶通航风险的影响程度和影响方式也不相同。合理的风电场布设和选址将有利于降低附近船舶的通航风险,并降低事故发生概率。如我国东海大桥海上风电场,该风电场建成后对规范过往船舶的航行行为起到了正面的引导作用,显著降低了该水域船舶碰撞事故风险。根据水域历史事故进行风电场选址设计,主要遵循以下几个步骤:

1）步骤一：搜集研究水域的历史事故数据

应尽可能地搜集分析研究水域历年内所发生的水上交通事故数据，重点关注水域内船舶碰撞事故、船舶搁浅事故、渔船事故及船舶自沉事故发生的时间、地点、事故发生的原因和事故造成的损失等信息。

2）步骤二：事故数据多维度分类与统计

为了解研究水域内海上交通事故发生规律，可将收集到的海上交通事故按照发生事故类型、事故船舶种类、事故船舶大小和造成损失严重程度等因素对水域内历史事故数据进行归类，并根据归类结果制作水域事故热点图，识别该水域内水上事故发生的高风险区域。

3）步骤三：事故多因素关联性分析

水上交通事故相关因素包括船舶交通流分布情况、航道航路情况、水文条件、自然条件等多个方面。分析过程中应体现事故热点区域内各因素与事故发生的关联性，并从中识别出特定水域内的事故致因及各因素的影响程度高低。同时结合其他研究成果，最终评价风电场可能对该处水域的风险因素所造成的影响。

4）步骤四：场址选择方法及安全保障措施

在综合分析了拟选水域历史事故数据后，即可以识别出研究水域不同区域所对应的事故风险水平。进行风电场选址时应尽量远离历史事故多发水域。海上风电场选址除考虑该因素外，还需要考虑风力资源、水文底质、环境影响、经济影响等多方面因素，并利用最优化决策方法确定拟建场址。如拟选水域无法避免的与水域内事故风险较高水域产生冲突或重叠，应结合选址区域多发事故的种类及致因，针对性地提出一些安全保障或防范措施，如增设警示助航标识、加强外围风机防撞等，从而降低风电场附近水域的通航风险。

第7章　海上风电施工期通航安全保障技术

7.1　不同施工阶段及施工特点分析

海上风电场通常包括风机、升压站、海底电缆三部分。其中风电场单机容量多为4~8MW，风电场总装机容量通常大于100MW，升压站分为海上升压站和陆上升压站两种；海底电缆分为风电场内部电缆和风电场与升压站之间的外输电缆两种。水上水下施工环节主要包含前期地质勘察施工、风机基础施工、风机安装施工、海上升压站施工及海缆敷设施工等，海上风电场施工总平面布置通常可划分为海上施工作业区、陆域生产生活区、钢结构加工及风机拼装区、施工船舶保障区等，各施工区主要任务划分如表7-1所示。

各施工区任务划分

表7-1

作业区名称	主要任务划分
海上施工作业区	钢管桩沉桩、嵌岩施工、现场钢筋安装及混凝土浇筑施工、现场预埋件及钢结构安装、附属设施安装、重力式基础安装、风机单体安装、海上升压站导管架安装、海上清淤等
生产加工区	桩芯钢筋制作、混凝土结构钢筋加工、现场小型施工预埋件制作、钢套箱维修拼装等、重力式基础预制、钢管桩制作、钢套箱制作、大型金属构件制作等
风机寄存区	风电机卸货、移运、组装、电气、装船等
陆域生活区	项目部办公、生活
交通补给区	人员交通、海上补给、陆运设备转运
施工船舶保障区	施工船舶防台避风等

以下针对不同施工阶段及其施工特点分节进行分析。

7.1.1　地质勘察施工

为探明风电场内的地形地貌、地质地况、暗礁分布等基本情况，通常需要在风电场施工前进行地质勘察施工，进行若干钻孔取样，以此为适宜建设的风机基础形式提供参考。

7.1.1.1　施工船舶机械
该阶段参与水上水下施工的船舶机械设备主要包括钻探船、交通船、钻探设备等。

7.1.1.2　施工工艺流程
地质勘察施工一般作业流程如下：

1）钻孔定位

按照钻孔坐标，采用测量仪指挥作业船驶入钻孔附近，调节锚绳长度，使钻孔对准孔位。若作业平台为勘探平台，则钻孔定位好之后，需由船舶将平台拖移至钻孔附近，并缓慢对准空位，最后固定平台。

2）钻孔施工作业

结合施工水域水深、潮流及浅部土层情况，孔位确定后，先用测深仪测量实际水深，然后采用牵引绳安装套管。利用流速缓慢的平潮期，以钢丝绳逆水牵引并随套管同步下放。开始钻探，钻探取芯，钻至计划深度终孔，拔套管，施工结束。移至下一孔位，重复以上步骤。

7.1.1.3 施工特点

钻探作业船进入施工点附近，先抛入主锚，再抛两侧艄锚，开角30°，锚绳各长度均在80～120m范围内。一般参与地勘施工的船舶船型小、数量少、施工时间较快。

7.1.2 风机基础施工

海上风机基础施工通常分为高桩承台基础、单桩基础、导管架基础、重力式基础、漂浮式基础等形式。单台风机桩基施工功效约为 4d/台，承台浇筑施工功效约为 1 个月/台。

(1)施工船舶机械。

该阶段参与水上水下施工的主要船舶机械设备主要包括打桩船、运输驳、浮吊、混凝土搅拌船、拖轮、抛锚艇、交通船等。

(2)施工工艺流程。

海上风机基础施工一般作业流程如图 7-1 所示。

(3)施工特点。

风机基础(钢管桩、重力式基础、导管架、钢套箱基础等)通常需要驳船配备拖轮海上驳运至施工现场。拖运前需对运输船体进行严格检查，采取必要的加固措施，并作船舶稳定性验算。

为减小施工船舶所占水域范围，减小对过往船舶的碍航影响，运输船通常布置在打桩船船一侧。打桩船艄艉分别抛倒八字开锚或穿心锚，运输船艄艉分别抛八字开锚，打桩船抛锚长度 150～300m；运输船抛锚角度约 120°，锚链约 60m。施工船舶及其锚具布设会占据以风机机位点为中心、半径 300m 的圆形水域。

7.1.3 风机安装施工

风机安装施工主要包括风机套筒、风机叶片、附属设施安装等，风机安装方式可分为整机安装和分体安装两种，单台风机安装功效约为 4d/台。

(1)施工船舶机械。

该阶段参与水上水下施工的主要船舶机械设备主要包括风机安装船、运输驳、浮吊、拖轮、抛锚艇、交通船等。

(2)施工工艺流程。

风机安装施工一般作业流程如图 7-2、图 7-3 所示。

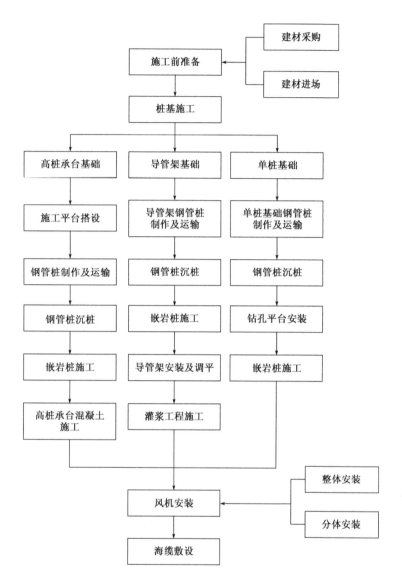

图 7-1　海上风机基础施工一般流程示意图

（3）施工特点。

风机安装通常采用自升式海上作业移动平台施工,利用配备的专用起重机将风机主要组件安装在海上风机基础上,依次完成风机海上安装,该环节不需要进行抛锚作业。但进行吊装作业时,运输驳需抛锚,通常需保持与自升式海上平台或坐底式作业船平行,同时保持顺流抛交叉锚,以减少船体迎水面积,保证起吊质量及安全性,同时避免走锚等现象。各锚缆布置点需设有明显的警戒标志,桩基出水后设置专用的警示灯。风机吊装期间的船舶和锚具布置所占水域范围与沉桩施工期间所占水域范围大致相同,即以运输驳船中心为中心半径 300m 的圆形区域。

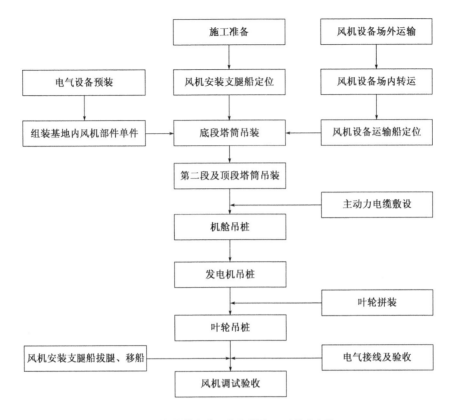

图 7-2 风机整体安装工艺流程图(三叶片式安装)

7.1.4 海上升压站施工

海上升压站施工流程及特点大致如风机高桩承台基础施工。

7.1.5 海缆敷设施工

海底电缆分为风电场内部电缆和风电场与升压站之间的外输电缆两种。海底电缆敷设一般速度为 6 ~ 9m/min, 跨越航道(航路)段海缆通常需覆盖碎石袋、碎石块等进行保护。

(1)施工船舶机械。

该阶段参与水上水下施工的主要船舶机械设备主要包括海缆敷设船、运输驳、拖轮、抛锚艇、交通船等。

(2)施工工艺流程。

海缆敷设施工一般作业流程如图 7-4 所示。

(3)施工特点。

海缆敷埋设施工船属于专用船舶,船上除配备了常规的锚泊系统设备外,还配备了针对海底电缆敷设施工要求的专用设备。敷缆船通常为非自航船,利用锚系和拖轮协助控制船位,通过主牵引缆牵引船舶在敷缆过程中前移,通常主牵引缆长度 600 ~ 800m,加上敷缆船本身的尺度和船尾水下埋设犁以及悬于水中的海缆所占水域,在沿路由方向所占水域尺度约 1000m。施工船舶抛设八字锚,进行海缆敷设施工时横向尺度大约左右各 200m。

　　海缆表面通常需采取一定的保护措施,包括如有淤泥层较浅区域,海缆埋深小于 1m 时,需采用石笼保护;岩石海床地段应先进行海底爆破清碴后进行海缆敷设并覆盖保护;海缆如需穿越航道(航路),需加大埋深、加强保护。另根据《海底电缆管道保护规定》第七条规定:国家实行海底电缆管道保护区制度。省级以上人民政府海洋行政主管部门应当根据备案的注册登记资料,向有关部门划定海底电缆管道保护区,并向社会公告。海底电缆管道保护区的范围,按照下列规定确定:沿海宽阔海域为海底电缆管道两侧各 500m;海湾等狭窄海域为海底电缆管道两侧各 100m;海港区内为海底电缆管道两侧各 50m。

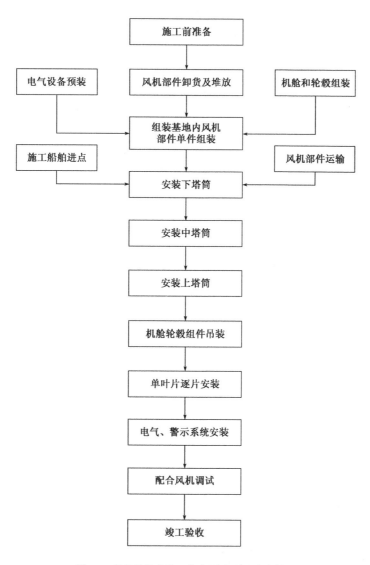

图 7-3　风机整体安装工艺流程图(单叶式安装)

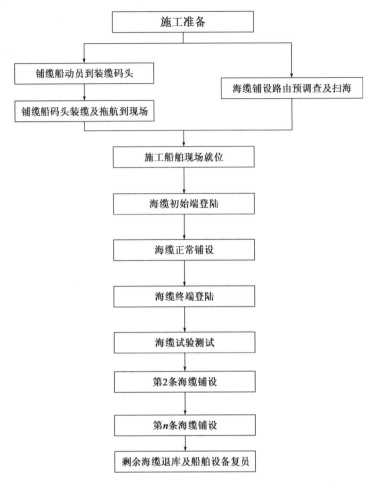

图 7-4 海缆敷设施工流程图

7.2 施工单位主体责任履行

7.2.1 编制施工通航安全保障方案

施工单位应按照《中华人民共和国水上水下活动通航安全管理规定》等相关法律法规要求,及早编制施工通航安全保障方案,并向海事主管机关申请组织审查。通航安全评估报告可作为申请海事行政许可、水上水下活动许可证时提交的文件之一,也可作为工程施工期间制定通航安全维护方案和实施通航安全管理的参考文件。

7.2.2 编制重大施工专项方案

施工单位应按照安全、防污染的责任制,制定符合水上交通安全和防污染要求的保障措施和详细施工预案。针对大型构件的运输需提前编制稳性计算书,对于重大件吊装、重力式基础下放等对通航安全影响大的环节或需要进行交通管制的环节需编制专项施工方案(包括参与施工船舶机械及其参数、起止时间、地点和范围、进度安排等),必要时需向主管机关申请组织审查。

7.2.3　严格执行施工作业标准

为确保施工安全,施工单位应根据参与施工船舶状况、通航水域水文气象条件等,明确打桩、吊装、安装等水上水下作业条件,制定施工作业限制标准。水上施工作业标准为实际风浪等级不高于施工船舶自身抗风浪等级标准(参考《港口与航道工程》中大型施工船舶防风、防台防御风力为 6 级以上的季风和热带气旋,不同风向标准可略有差异)。打桩、吊装、安装等作业示例建议如表 7-2 所示(具体标准由施工单位根据各环节施工的具体要求、船舶性能、施工水域风浪特点等对作业的影响程度计算确定)。

工程施工作业条件(示例)　　　　　　　　　　　　表 7-2

作 业 项 目	风(级)	浪(m)	涌(m)	能 见 度
风机组基础打桩及平台搭设	6	1.0	1.0	1000m
管桩及平台设备运输	7	1.0	1.0	1000m
风机部件运输	6	1.0	1.0	1n mile
风机吊装	5	0.5	0.5	1000m
铺设海底电缆	6	1.0	1.0	1n mile

施工水域气象、海况条件对工程施工影响明显,施工单位应注意根据施工各环节的施工特点和要求制定作业标准,严格掌握施工各环节的作业条件,保证作业安全。施工单位应及时掌握当天的天气情况,收听当地气象预报(必要时定制气象专项服务),分析气象资料,尽量选择在风速、水流速度较小的时段施工或运输作业,另外建议工程施工应尽量避开冬季季风及夏季台风影响期。

7.2.4　建立专门沟通协调机制

海上风电场通常施工期较长,为保障施工期间工程水域正常的通航秩序,确保通航安全维护工作的顺利进行,为工程建设提供有力的安全保障,应以施工单位、建设单位为主体,邀请当地主管政府、海事主管部门、海洋与渔业部门及其他相关部门专人指导,成立风电场施工期通航安全维护指挥部,并定期召开施工协调会,明确各方安全职责及沟通联系方式、方法,落实相关职责和协调机制。风电场建设项目部、指挥部每月应向辖区海事处汇报工作进展及计划;每季度向辖区海事机构通航处、指挥中心等相关部门汇报工作进展及计划;每年向辖区海事机构相关领导汇报工作进展及计划;加强各方联系,落实相关职责和协调机制。

建设单位、施工单位应及时与相关管理部门做好衔接工作,工程建设前应加强宣传,做好与附近船舶企业、养殖区、渔港(或渔民)等相关利益方的沟通和协调,妥善处理好相关利益方之间的关系。施工船舶需配备附近海底管线分布详细位置专用图纸,施工船舶布置应尽可能远离管线,并严禁在管线保护区内抛锚。施工单位应合理制定施工方案,施工过程中做好必要的防护。

7.2.5　施工现场作业安全保障

为了保障施工船舶及其他相关船舶的作业安全,施工期间应做好如下通航安全保障措施:

(1)业主和施工单位应当按照《中华人民共和国水上水下活动通航安全管理规定》中明

确的相应条件向活动地的海事管理机构提出申请并报送相应的材料。在取得海事管理机构颁发的《中华人民共和国水上水下活动许可证》后,才可进行工程施工。

(2)施工单位应严格执行通航管理的有关规定,在海事监管部门的指导下,划定施工活动水域。根据《中华人民共和国海上航行警告和航行通告管理规定》的要求,施工单位应向海事管理机构提出申请,在施工期间应及时发布航行警告和航海通告,详细通告施工水域的范围、施工内容、施工船舶情况及有关注意事项等,同时安排相应船舶在施工活动水域进行警戒,禁止无关船舶进入施工警戒区,保证施工安全。

(3)施工单位须加强施工期间的安全管理工作,应注意施工计划和组织,提前调查工程水域的水文条件,选择天气条件好、风浪流适宜的时段施工,并根据水文气象等条件合理设计施工方案。

(4)施工船舶应按规定悬挂号灯、号型,并在规定的水域内进行施工,船方应安排专人负责瞭望,防止其他船舶进入施工水域,保证施工安全。

(5)施工期间,施工单位应在规定的施工活动区域内施工,严格遵守值班制度,加强瞭望,及时与过往船舶联系,确保施工与过往船舶的安全。

(6)运送施工材料的船舶,应按海事机构划定的水域航行、停泊,船舶应保持正规瞭望,保障船舶的通航安全。

(7)施工船舶应严格把控作业标准,保证施工船舶在限定的风、浪等级等条件下进行施工。

(8)所有施工人员必须经过安全知识培训教育(内容包括但不限于施工水域的水文、气象、航道、锚地、VTS 要求等内容),编写安全生产手册,人手一份,特殊工种必须持证上岗。

(9)施工场地应严格分区管理,显示相应标示并标示各种安全注意事项。施工人员作业时,应注意严格按照安全操作规程作业,作业时应穿好救生衣。

(10)施工船舶、负责人的联系电话必须全天 24h 处于畅通状态,各相关部门联系用的高频对讲机也必须全天 24h 有人值守,以确保各方通信畅通。

(11)为确保能见度不良时的施工作业安全,施工船舶应采取如下安全保障措施:

①能见度不良时施工船舶应备车,检查本船船位,驾驶员应加强值班,保持 VHF 值守,借助雷达等助航设备加强瞭望,注意保持与水域内航行的其他船舶之间,特别是主航道内航行的船舶之间的安全距离,按规定施放雾号。

②能见度低于 1n mile 时,所有施工船舶停止进行施工作业,固定施工船舶上的机械设备,使其处于安全状态。

③施工单位应配置足够数量的海上救生、消防、烟火信号等,按规定要求定期进行应急演练。

④加强水上施工人员交通船安全管理制度。施工船配备足够数量的海上救生设备、VHF、AIS、值班守护船等,制定安全管理制度与突发事件应急预案,严格控制作业标准,选用适航、适工的施工船具,落实安全作业制度,服从和主动配合海事部门的安全管理,以提高自身应变能力,保证作业安全。

⑤施工单位应认真做好气象信息的收集和发布工作,及时与海事、气象服务站以及相关方沟通和交流,获得相关信息后及时分析和处理,当风力过大时停止海上作业并要求相关部

门做好防风工作。同时制定切实可行的防台措施,当预报风力大于船舶抗风等级时,应及时组织船舶到指定水域避风。

⑥施工期间施工船舶的布置尽量避免对灯桩的遮挡,夜间施工船的灯光应注意减小对过往船舶的影响。

(12)加强施工水域附近渔船安全管理。

①业主和施工单位应注意与渔业部门加强联系,及时通报施工进程和对渔船的安全管理要求。

②加强宣传,施工单位应印制针对渔船的宣传册,宣传各阶段施工水域的安全管理要求,要求渔船远离施工水域。

③现场施工应安排值班船舶,值班船舶应注意加强对渔船的瞭望,及时提醒渔船远离施工水域;值班船舶和警戒船舶应保持与渔船相同频率的 VHF 频道,并确保值班人员中有能够用当地方言沟通的人员在值班。

④渔船活动频繁的季节应注意特别加强施工现场水域的安全管理。

(13)签订安全生产协议。

施工单位应与各相关承包单位、施工作业船舶、施工作业人员签订安全生产管理协议,并及时向海事管理机构报备。

7.2.6　运输船舶安全保障措施

(1)施工单位应注意检查和确认运输船舶的适航状态,禁止内河船舶、三无船舶和不适航的船舶参与工程运输;工程运输船舶的船员应注意加强船舶检查维护,确保船舶处于适航状态。

(2)采取有效的技术措施,保证运输驳船的操纵性能。船舶航行过程中,注意加强与他船的联系,应用良好的船艺,注意风流作用,选择有利于航行的安全航路。

(3)注意保证物资、材料及风机部件的积载和系固质量,保证运输途中的安全。

(4)向海事机构报告运输计划,必要时发布航行通(警)告和采取必要的监护和管制措施。

(5)做好运输航行计划,避开大型船舶进出时段以及夜晚时段。

(6)船舶通过施工水域或在施工水域与他船相遇时,所有船舶均须谨慎操作,确认施工期间可通航的水域,加强联系,严格服从警戒船的指挥,根据当时实际情况及早联系协调避让。

(7)船舶通过施工水域前注意及时了解海事机关发布的有关通(警)告,了解工程施工的有关信息,应注意核实施工水域位置,根据当时的情况合理选择和调整船舶航路,确保与施工水域保持足够的安全富裕距离。

7.2.7　施工期安全保障制度

(1)开工前针对工程实际情况编制切实可行的安全措施计划,并限期实施,对于没有安全保障措施的项目,不准开工。

(2)每月召开一次安全领导小组会议,讨论安全生产的重大事项;项目部每周进行一次安全检查,并随之召开一次各部门参加的安全会议,检查并总结一周的安全工作,贯彻安全领导小组的决定,落实整改措施。专职安全员每月统计收集资料并向业主方监理工程师提交一份工程安全报告。

(3)完善并执行安全规章制度,其中包括:船舶机械安全操作规程、安全用电制度、防火安全制度、水上作业安全制度、起重作业安全制度、特殊工种安全制度、事故报告制度等。

(4)实行安全目标管理,层层分解并落实安全指标,严格执行与经济挂钩的奖惩制度,坚决实施安全否决权制度。

(5)成立一支随时听从专职安全员指挥的紧急救援队,并配备必要的救援工具、设备与通信联络设施。开工前组织紧急救援演习,将演习计划报备业主方和监理。

(6)各施工班组每天必须坚持班前工作安全和风险分析活动制度,并做好逐日活动记录。

①上岗交底:对当天的工作内容要进行有针对性的交底。上岗检查:上岗前检查作业环境是否有不安全状态,查出问题必须先整改后施工,杜绝冒险蛮干。上岗记录:对上岗前的安全交底、安全检查都要有记录。

②坚持每周一次的安全讲评活动,总结安全防护、文明施工、个人集体及环境保护经验,进一步消除施工现场事故隐患,提高自我保护意识。

③每班施工作业前,工作负责人要清点上班人数,注意观察班组成员的精神状况,发现患病或过度疲劳者不得安排上岗作业。检查班组的个人劳动保护用品是否佩戴整齐。

7.3 施工水域现场管理

7.3.1 划定安全施工作业区

为减小施工船舶与附近过往船舶之间的影响和减小施工船舶与施工船舶之间的影响,在考虑施工活动水域时,应在实际所占水域的基础上适当留有余地。建议风电场施工活动水域按照外围风机中心外扩500～1000m作为风电场施工期的施工活动水域。施工活动水域是动态范围,实际施工过程中安全作业区可随施工计划、施工范围的调整而及时调整。

7.3.1.1 施工作业区的划定

(1)申报与审批。

根据《中华人民共和国水上水下活动通航安全管理规定》,进行水上水下施工,必须附图报经主管机关审核同意,并发布航行通告。

(2)安全作业区。

建议施工前应根据施工情况,申请施工安全作业区,根据《中华人民共和国水上水下活动通航安全管理规定》规定,划定与施工作业相关的安全作业区必须报经海事机构核准、公告,与施工无关的船舶、设施不得进入施工作业安全作业区,施工作业者不得擅自扩大施工作业安全区的范围。

安全作业区的设置应尽可能地兼顾施工作业和通航安全两方面的要求,在满足施工作业的前提下,安全作业区应尽可能远离航道、锚地水域。施工船舶应加强与过往船舶的联系,必要时暂停施工,以保证船舶的通航安全。

根据工程的特点及前文的分析,各施工单位应严格执行有关主管机关的相关规定,在海事主管部门的指导下,划定施工区域。严禁施工作业单位擅自扩大施工作业安全区,严禁无关船舶进入施工作业水域。

（3）建立与遵守规章。

施工过程中,施工单位应委托有相关经验和专业的单位编制施工期间安全警戒保障方案;制定并落实相应的安全生产和防污染规章,采取相应的安全措施,避免事故的发生。

（4）根据《中华人民共和国水上水下活动通航安全管理规定》,施工作业者有责任清除其遗留在施工作业水域的碍航物体,工程施工完成后需注意检查施工现场的碍航物。

7.3.1.2　安全作业区的管理相关建议

（1）工程建设单位、施工单位应建立健全应用于工程建设期间的水上交通安全管理制度和应急预案,设置安全生产管理部门或配备专职安全生产管理人员,落实各项安全与防污染保障措施。

（2）工程施工单位在取得海事管理机构颁发的水上水下活动许可证后,才可进行相应的水上水下活动。在施工期间,工程施工单位应采取相应通航安全保障措施,维护良好的作业秩序,保障工程施工水域水上交通安全。配备相应安全和应急设施设备,落实专业力量,做好施工水域安全警戒和应急处置;按规定设置助航标志和有关警示标志,并做好维护工作;严格执行施工作业安全操作规程,合理安排施工计划与进度,优化施工组织及施工工艺,尽可能减小对通航水域的占用和对水上交通安全的影响;加强施工船舶、设施的安全管理和船员教育,确保船舶适航、船员适任;制定并落实专项通航安全保障方案和现场维护措施。

（3）监理单位应履行监理职责,督促建设单位、施工单位做好安全保障工作。

工程施工期间,无关船舶禁止进入施工活动水域,船舶通过工程附近水域时应注意特别谨慎操作,应与安全作业区边界保持一定的安全距离。工程建设单位和施工单位应按要求制定施工方案,申请办理水上水下活动许可,施工活动应严格限制在海事管理机构核定的安全作业区范围内。

鉴于风电场工程施工期通常较长,为保障施工期间工程附近水域正常的通航秩序,确保通航安全维护工作的顺利进行,为工程建设提供有力的安全保障,建议以施工单位、建设单位为主体,成立施工期通航安全维护指挥部,定期召开施工协调会,加强各方联系,协助海事主管部门和其他相关部门研究必要情况下的通航管制工作方案,根据工程在不同的施工阶段对通航环境的影响程度,制订和实施风电场工程施工期通航维护方案、施工船舶交通组织方案、施工船舶防台操作指南等。

施工期间施工单位应注意安排专人值班瞭望,特别是在能见度不良、台风寒潮影响期间大量渔船回港和附近有小型船舶活动时,更应加强警戒。必要时由警戒船、渔政船或海巡艇现场维护通航秩序。工程建设指挥部和施工单位应积极配合海事主管部门进行有关风电场通航安全的宣传,包括申请发布有关航行通（警）告,印发宣传手册,积极与渔业部门、附近渔船船主及其他码头单位进行沟通协调。

7.3.2　设置导助航及警示标志

为保障工程施工及附近过往船舶的通航安全,建议在风电场施工水域设置相关助航标志。航标设计应结合航道规划进行布置,并以专业机构具体设计和实施为准。建议建设单位应及早根据相关规定和要求委托专门机构开展风电场航标和警示标志的设计和设置工作,并与风电场同时施工,同时投入使用。

每座风机基础承台的钢管桩沉桩完毕后及时加设临时围图,避免钢管桩孤立于海中,同时兼用割除桩头的操作平台。遇大风、大雾等恶劣天气时,需在已经打好的承台桩上特别是外围的水上设施上悬挂强光(透雾)标志警示灯及警示灯带,必要时增设雷达应答器。

7.3.3 划定临时等待水域、预选防台避风锚地

风电场工程施工的船舶种类主要有运输船、打桩船、起重船、搅拌船、辅助船(包括拖轮、交通船、锚艇、油水供应船)等,参与施工船舶数量较多,施工单位应结合实际施工进度,需在工程水域附近预选好临时等待水域;台风期间应严格按照海事管理机构指定位置进行避风,建议提前向施工船舶公布施工船舶对应的预选锚地(结合船型及其性能划分)、配备拖轮、安全联络员等信息,施工船舶需注意选择好时机及早撤离。

7.3.4 施工活动水域警戒建议

施工单位应制定专项警戒方案,配置与施工作业条件相适应的警戒船舶(不可有施工船临时代替)进行警戒工作。建议在施工活动水域附近安排足够的船舶进行警戒守护,及时驱离过近靠近施工期间安全作业区的船舶。

警戒船可通过高音喇叭、VHF、强光灯等手段,做好施工水域警戒工作。警戒船需统一标识(与商船、施工船易于区分),配备雷达、AIS、VHF、警示灯光等设备,警戒期间显示相应的号灯号型。警戒船守护时尽可能选择带缆方式,以便紧急机动,警戒船警戒位置应尽可能地选择远离附近航道、码头水域,尽量减小对附近过往船舶的影响。配备警戒船抗风等级应大于施工船舶抗风等级,大风浪时,警戒船应在施工船舶撤离后撤离。当风浪超过警戒巡逻艇的抗风等级时,应将警戒船撤离至安全水域避风。

7.3.5 施工活动水域安全管理建议

(1)工程施工前,业主或施工单位应按规定及时向海事管理部门申请办理水上水下活动许可,设置相应的安全作业区,并申请发布航行警(通)告(包含但不限于:申请事项、作业内容、作业方式、作业起止日期、每天作业时间、参加作业的船舶、设施和单位名称、作业区域、所挂信号、安全措施及要求等)。

(2)施工单位应严格按照施工组织设计在划定的施工作业区内施工,每天定时向项目部报告施工进展情况和安全情况,通报作业区施工船舶分布及动态情况,禁止施工船舶随意调换作业区和随意穿越其他船舶作业区;禁止施工船舶将锚位抛出作业区;禁止施工船舶不按计划施工。

(3)无关船舶禁止进入施工活动水域。对擅自进入安全作业区的船舶,应立即报告有关人员及现场警戒船,及时进行纠正。

(4)需要调整安全作业区的,应提前向海事主管机关提出申请,经审核后发布航行通告,并重新制定相关管理措施。

(5)施工单位应根据实际施工及附近通航情况,除在施工安全作业区设置警戒灯浮和警戒船守护外,还应合理设置必要的助航和警示标志。施工船舶应按规定在明显易见处显示相应的信号,外伸锚具应设置锚标,锚链入水处显示灯光信号,并用探照灯提示。另外,所有施工船舶应在指定 VHF 频道 24h 值守。

(6)施工单位应安排专门负责警戒任务的船舶负责活动水域警戒,安排应急拖轮执行

24h 不间断应急值班,必要时向主管机关申请增派海巡艇。

(7)工程施工期间,施工单位应加强施工管理,合理选用施工船具设备,合理安排施工计划和进度,精心组织施工,严格将施工活动控制在核定的施工水域范围内,尽量减小施工期间的碍航水域范围及碍航持续时间。

(8)施工作业点应配置足够数量的救生圈等救生设备,夜间应按规定显示警戒灯标或采用灯光照明,在显示灯光照明时应注意避免光直射水面,影响船舶人员的瞭望。施工单位应选派有经验、责任心强的人员负责水上作业安全管理,保障相关安全管理制度和防范措施的落实。

(9)建设单位应向渔业主管部门申请发布通告,禁止渔船进入风电场区内。在能见度不良的天气下,施工单位应重点关注渔船动向,以防事故发生。

(10)工程基础施工阶段,应注意按照设计方案及时在相应机位的基础结构物上设置警示标志。风机整机安装后,应及时在风机上按设计方案设置相关警示标志,在风机机身上制作相应标识,并注意不同阶段的助航和警示标志的衔接和转换。

(11)恶劣天气来临前,特别是台风来袭施工船舶撤离前,施工单位应注意工程水域各助航和警示标志的有效性,并保证其工作正常,严禁留下未设警示标志的水中结构物。

7.4　海事机构通航安全监督与管理

海事机构通航安全监督与管理主要包括通航水域岸线安全使用和水上水下活动许可审批、沿海水域划定禁航区和安全作业区审批、专用航标的设置、撤除、位移和其他状况改变审批(沿海)、船舶进入或穿越禁航区申请,主要相关流程如下。

7.4.1　通航水域岸线安全使用和水上水下活动许可审批

行政审批项目编码:15024

行政审批项目名称:通航水域岸线安全使用和水上水下活动许可

一、受理方式:书面。

二、办理期限:20 个工作日。

三、受理部门:分支海事局、直属海事局、部海事局。

四、办理地点:受理部门办公地址。

五、联系方式:受理部门政务中心电话。

六、许可机关:分支海事局负责辖区内和直属海事局指定管辖的许可,直属海事局负责国务院及有关部门、省级政府及有关部门批准的、跨分支海事局辖区的以及部海事局指定管辖的许可,部海事局负责跨直属海事局辖区的许可。

七、审批流程如图 7-5 所示。

八、申请条件:

1. 水上水下活动的单位、人员、船舶、设施符合安全航行、停泊和作业的要求;

2. 已制定水上水下活动的方案,包括起止时间、地点和范围、进度安排等;

3. 对安全和防污染有重大影响的,已通过通航安全评估;

4. 已建立安全、防污染的责任制,并已制定符合水上交通安全和防污染要求的保障措施和应急预案。

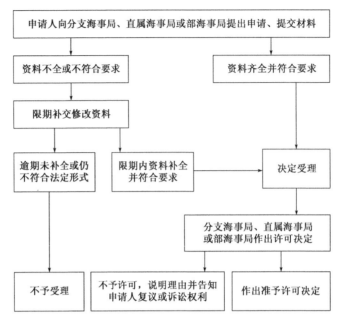

图 7-5　通航水域岸线安全使用和水上水下活动许可审批流程图

九、提交材料目录：

1.《水上水下活动通航安全审核申请书》；

2.有关主管部门对该项目的批准文件及其复印件(需办理批准手续的项目)；

3.与通航安全有关的技术资料及施工作业图纸；

4.施工方案(必要时须经过专家评审)，已建立安全及防污染责任制、保障措施和应急预案的证明材料；

5.与施工作业有关的合同或协议书及其复印件(必要时)；

6.施工作业单位的资质认证文书及其复印件；

7.施工作业船舶的船舶证书和船员适任证书及其复印件(如施工船舶不在本辖区可不提供原件)；

8.已通过评审的通航安全影响论证报告或评估报告(必要时)；

9.航行通(警)告发布申请(必要时)；

10.专项维护申请(必要时)；

11.委托证明及委托人和被委托人身份证明及其复印件(委托时)；

12.《通航水域岸线安全使用申请书》。

十、设定依据：

1.《中华人民共和国海上交通安全法》第二十条；

2.《中华人民共和国海洋环境保护法》第四十三条、四十七条；

3.《中华人民共和国水污染防治法》第五十五条；

4.《中华人民共和国港口法》第三十七条第二款；

5.《中华人民共和国内河交通安全管理条例》第七条、第二十五条、第二十八条；

6.《中华人民共和国海上航行警告和航行通告管理规定》第五条、第六条；

7.《中华人民共和国水上水下活动通航安全管理规定》第二条、第五条至第八条。

7.4.2　沿海水域划定禁航区和安全作业区审批

行政审批事项编码:15006

行政审批事项名称:沿海水域划定禁航区和安全作业区审批

一、受理方式:书面。

二、办理期限:20 个工作日。

三、受理部门:分支海事局(职责范围内的安全作业区);直属海事局(跨分支海事局辖区的安全作业区);部海事局(禁航区)。

四、办理地点:受理部门办公地址。

五、联系方式:受理部门政务中心电话。

六、许可机关:分支海事局负责职责范围内的安全作业区,直属海事局负责跨分支海事局辖区的安全作业区;部海事局负责禁航区。

七、审批流程如图 7-6 所示。

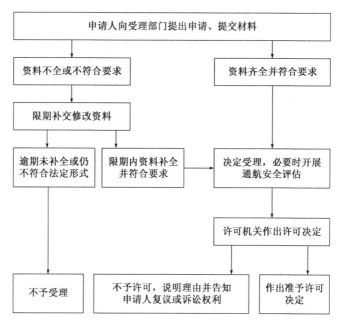

图 7-6　沿海水域划定禁航区和安全作业区审批流程图

八、申请条件:

1. 就划定水域的需求,有明确的事实和必要的理由;

2. 符合附近军用或者重要民用目标的保护要求;

3. 对水上交通安全和防污染有重大影响的,已通过通航安全评估;

4. 用于设置航路和锚地的水域已进行勘测或者测量,水域的底质、水文、气象等要素满足通航安全的要求;

5. 符合水上交通安全与防污染要求,并已制定安全、防污染措施。

九、提交材料目录:

1.《禁航区和安全作业区划定申请书》;

2.有关主管部门关于作业或活动的批准文件及其复印件(必要时);

3.禁航理由、时间、水域、活动内容;

4.已制定安全及防污染措施的证明材料;

5.已通过评审的通航安全评估报告(必要时);

6.航行通(警)告发布申请(必要时);

7.委托证明及委托人和被委托人身份证明及其复印件(委托时)。

十、设定依据:

1.《中华人民共和国海上交通安全法》第二十条、第二十一条、第二十八条;

2.《中华人民共和国海上航行警告和航行通告管理规定》第五条、第六条;

3.《中华人民共和国水上水下活动通航安全管理规定》第五条至第七条。

7.4.3 专用航标的设置、撤除、位移和其他状况改变审批

行政审批事项编码:15043

行政审批事项名称:专用航标的设置、撤除、位移和其他状况改变审批(沿海)

一、受理方式:书面。

二、办理期限:20个工作日。

三、受理部门:具有航标管理职权的直属海事局。

四、办理地点:受理部门办公地址。

五、联系方式:受理部门政务中心电话。

六、许可机关:部海事局或具有航标管理职权的直属海事局。

七、审批流程如图7-7所示。

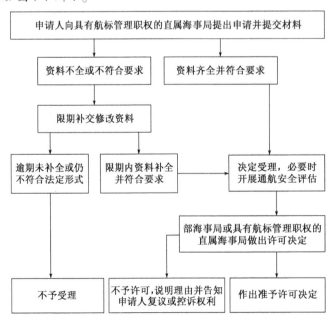

图7-7 专用航标的设置、撤除、位移和其他状况改变审批流程图

八、申请条件：

1. 拟设置、撤除、位移和其他状况改变的航标属于依法由公民、法人或者其他组织自行设置且属于海事管理机构管理职责范围内的专用航标；

2. 航标的设置、撤除、位移和其他状况改变符合航行安全、经济、便利等要求及航标正常使用的要求；

3. 航标及其配布符合国家有关技术规范和标准；

4. 航标设计、施工方案，已经通过专门的技术评估或者专家论证；

5. 申请设置航标的，已制定航标维护方案，方案中确定的维护单位已建立航标维护质量保证体系。

九、提交材料目录：

1. 《航标管理机关以外的单位设置、撤除沿海航标申请表》；

2. 航标设计文件、图纸资料，航标配布图；

3. 最新的大比例尺测量图纸或清障扫海报告（必要时）；

4. 航标设计、施工单位资格证书及其复印件；

5. 使用土地（海域）批文或证件及其复印件（必要时）；

6. 航标养护方案（必要时）；

7. 航标设计、施工方案技术评估或专家论证报告及其复印件（必要时）；

8. 航行通（警）告发布申请（必要时）。

十、设定依据：

1. 《中华人民共和国航标条例》第六条、第七条；

2. 《沿海航标管理办法》第十二条、第十五条；

3. 《海区航标设置管理办法》第五条、第七条至第十五条。

7.4.4　大型设施、移动式平台、超限物体水上拖带审批

行政审批事项编码：15041

行政审批事项名称：大型设施、移动式平台、超限物体水上拖带审批

一、受理方式：书面。

二、办理时间：5 个工作日。

三、受理部门：分支海事局、直属海事局。

四、办理地点：受理部门办公地址。

五、联系方式：受理部门政务中心电话。

六、许可机关：分支海事局负责辖区内或直属海事局指定管辖的许可，直属海事局负责跨分支海事局辖区的许可。

七、审批流程如图7-8所示。

八、申请条件：

1. 确有拖带的需求和必要的理由；

2. 拖轮适航、适拖，船员适任；

3. 海上拖带已经拖航检验，在内河拖带超限物体的，已通过安全技术评估；

4. 已制定拖带计划和方案，有明确的拖带预计起止时间和地点及航经的水域；

5. 满足水上交通安全和防污染要求,并已制定保障水上交通安全、防污染的措施以及应急预案。

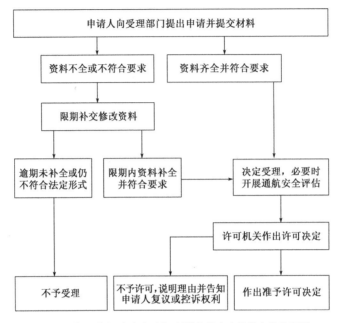

图7-8 大型设施、移动式平台、超限物体水上拖带审批流程图

九、提交材料目录:

(一)沿海

1.《海上拖带大型设施和移动式平台申请书》;

2. 船检部门为大型设施和移动式平台拖带航行出具的拖航检验证明及其复印件;

3. 大型设施和移动式平台的技术资料;

4. 拖带计划、拖带方案;已制定安全与防污染保障措施和应急预案的证明材料;

5. 已通过评审的通航安全评估报告(必要时);

6. 拖轮船舶证书、船员适任证书及其复印件;

7. 航行通(警)告发布申请(必要时);

8. 专项护航申请(必要时);

9. 委托证明及委托人和被委托人身份证明及其复印件(委托时)。

(二)内河

1.《内河载运或拖带超吃水、超长、超高、超宽、半潜物体申请书》;

2. 拖轮及超吃水、超长、超高、超宽、半潜物体的技术资料;

3. 载运或拖带方案;已制定安全与防污染保障措施和应急预案的证明材料;

4. 船舶证书、船员适任证书及其复印件;

5. 已通过评审的拖带作业安全评估报告;

6. 航行通(警)告发布申请(必要时);

7. 专项护航申请(必要时);

8. 委托证明及委托人和被委托人身份证明及其复印件(委托时)。

十、办理依据:

1.《中华人民共和国海上交通安全法》第十六条;

2.《中华人民共和国内河交通安全管理条例》第二十二条、第四十三条;

3.《中华人民共和国海上航行警告和航行通告管理规定》第五条至第七条 。

7.4.5 海事机构现场监管

除相关行政许可外,海事管理机构还可通过 VTS、VHF、CCTV、雷达、海巡艇等多形式、多手段,不定期地对施工水域进行监管,及时制止相关违法、违规行为。

7.5 海上风电施工期间应急保障措施

施工单位和业主应结合施工工艺、施工顺序、施工作业水域范围内的应急资源状况、水域特点、海事事故特点等制定相应的施工期应急预案,以便在发生海损事故后能够快速进行应急反应,减少海损事故造成的损失,避免海损事故的扩大,保证施工期间施工作业的安全。施工过程中可能会出现人员落水、船舶碰撞、发生污染事故等危险,制定相应紧急情况的应急措施,简要说明如下。

7.5.1 人员伤亡、落水的事故应急措施

(1)要求船方按《应急部署表》的要求积极组织自救,维护好现场秩序,释放救生艇救人和准备必要的器材。

(2)组织调动现场附近的船舶、设施参加施救,要求释放救生艇(筏)、积极救人,必要时调集其他船舶增加力量。

(3)考虑潮汐、风向等水文、气象情况扩大搜救范围。

(4)夜间要考虑到照明问题。

(5)组织交通接送,及时转移、救治落水受伤人员。

7.5.2 船舶碰撞事故应急措施

航行船舶之间,航行船舶与施工船之间发生碰撞,应立即向交管中心和其他有关方面报告,并参照下列方法积极开展救援和自救,以减少损失,避免人身伤亡。

(1)了解发生碰撞船舶的概况,受损情况,按《应急部署表》的要求进行自救,以缓解危险和延长待救时间。

(2)立即用一切有效手段向指挥员报告。

(3)如碰撞的船舶受损严重可能沉没,立即通知拖轮赶往现场施救,将遇难船舶拖离到安全水域或合适的地点主动搁浅,并应注意避开航道。

(4)对事故现场水域进行监控和实施必要的交通管制,疏散附近船舶。

(5)将事故情况通告过往船舶和事故地点附近的相关单位。

(6)受损船舶如沉没,应准确测定船位,必要时按规定设标,并及时组织力量起浮清障。

(7)发布航行警告。

7.5.3 船舶有沉没危险的应急措施

(1)及时掌握船舶自救情况和船方明确的救助请求。

(2)要求船方提供必要的信息,如货物的性质、数量、货物积载等。

（3）督促、帮助遇难船舶堵漏、排水,及时疏散有关人员。

（4）及时准确定位,调集打捞工程船去现场救助。

（5）了解船舶倾斜情况,调整吃水(压载水、油舱等),计算剩余浮力,进行减载和合理的抛货。

（6）必要时将阀门关紧,关好门窗。

（7）如沉没无法避免,要尽量抛锚,按《应急部署表》"弃船"的要求做好各项工作。

（8）船舶沉没后,必须准确定位、设标,必要时实施临时交通管制,发布航行通(警)告。

（9）充分考虑水流、潮汐等影响以及当时的风向、风力情况,采取最佳救助方案和善后措施。

7.5.4 环境污染事故的应急措施

（1）施工船舶在施工作业及运输过程中,如发生漏油污染水域事故,船方应及时按《应变部署表》和"EMS 及 SOPEP,MFAG"的要求进行自救,及时采取有效应急措施制止漏油,并向项目部和海事管理部门报告。

（2）对漏油船舶立即查找泄漏污染源,关闭阀门,封堵甲板出水孔(缝),并投放吸油毡、棉胎、木屑等吸附材料。

（3）迅速调集项目其他施工船舶投入防污抢险,及时运送防污器材和救援队伍到达现场,进行协调作战。

（4）请清油队参加清理油污,调集围油栏到现场,对泄漏区铺设围缆绳,经批准后投放吸油材料及消油剂,并及时回收泄漏的污油和已吸附的吸油材料,防止污染面积的扩展。

（5）应急处置时应充分考虑潮汐、水流的影响,听取专家、技术人员及职能部门的意见,必要时组织交通管制,疏散周围船舶。

（6）施救船须具有良好的防火、防爆设备,同时做好漂浮物的打捞和取样。

7.5.5 发生搁浅的应急处置措施

船舶搁浅后,船长可以通过调查分析搁浅状况,以最快的方式向船舶所有人、代理公司和主管机关报告,以便取得指导和帮助,切忌盲目采取行动。具体应急措施可以参考如下:

（1）在船长指挥下,相关船员检查淡水舱、压载舱、油舱等处的液位,测量和记录船舶周围的水深,对船舶周围底质进行取样,调查判定搁浅位置、程度,按国际海上避碰规则显示号型,注意气象、潮汐变化等情况。

（2）机舱人员检查主机、舵机和辅助机械,特别是检查螺旋桨和舵有无损害,防止被搅起的淤泥和沙子吸入机械设备。

（3）发现船舶进水时,应立即按堵漏布置进水应急,计划组织排水、水密隔离和堵漏,同时判断可否立即动手脱浅。

（4）大型船舶搁浅时若自行脱浅不成功,应立即申请外援。在候援期间,船方应警惕潮水和风流对船舶强度和稳性的影响,尽力固定船位,防止船舶因风浪破损、横倾乃至倾覆。

（5）船舶搁浅后,如发生溢油事故,应按船上油污应急计划中处理搁浅中发生溢油的应急措施进行处理。

（6）船长应根据各方面的反馈信息进行综合分析,对船舶周围环境进行判断,保证船舶的安全状态,保证船员的安全,采用科学的方法与有关方面配合进行脱浅行动。

7.5.6　季节性气候应急处置措施

7.5.6.1　防季风措施

(1)防季风是日常安全生产工作的重要组成部分,应及时发布防季风、突风指令,严禁拒绝执行指令现象的发生。

(2)为了利于抵御季风、突风,保证工程结构和船舶施工安全,船舶应选择在平台轴线安全距离部位施工,防止因走锚放绳与结构物发生碰撞的现象。施工船舶作业结束后,及时绞缆离开或拖至安全水域。

(3)当天气预报施工水域风力超过 7 级且持续增大时,领导小组组长立即根据具体预报的风向、风力和作业地点及时作出施工船舶到锚地避风的决策,调度各施工船舶,船长应立即执行。

(4)施工船舶得知即将有突发恶劣天气发生后,各船船长应确保船上高频或其他通信工具正常,确保发动机、锚缆、导航等设备运行良好,并检查消防、救生设备的有效性。

(5)寒潮或强风突袭前,要加强施工人员安全防护工作,防止人员上下船时因大浪颠簸船只引起施工人员摔伤或落水淹溺事故的发生,并做好甲板上的机器、材料等加固工作。

7.5.6.2　防雾措施

(1)施工船舶得知雾天预报后,各船船长需定期检查通信、雷达、雾钟等设备,并及时与调度保持联系。

(2)施工水域起雾后,所有船舶要得到领导小组批准并根据调度下达的命令航行。同时,船舶要开启雷达助航并按照标准航线行驶,同时发出雾行声号。船长必须在驾驶台上指挥,保持安全航速,随时做好停车、倒车或抛锚准备。

(3)当雾天小于 1000m 时,所有船舶停止航行,选择安全水域抛锚,并加强值班瞭望,保持高频坚守监听。

(4)雾天船舶航行或抛锚发现有其他船舶行驶时,除用高频呼叫外,还应采取用强烈的声音和灯光等措施,警告来船切勿靠近。

(5)大雾天钻孔平台设置明显警示牌,出入口有专人看护,防止发生意外安全事故。

(6)大雾来临前,作业项目部及施工船舶应加强警示灯的巡查工作,发现警示灯损坏应立即更换。

(7)雾天在施工水域发现船舶遇险或碰撞等情况时要及时向上级报告。

(8)在海上施工,大雾天气出现较多,为确保施工水域通航安全,利用 VTS、AIS 等技术手段对船舶实施监视,有效防止船舶发生碰撞险情,并通过 VHF 甚高频播发能见度不良时的航行安全信息,提醒在航船舶谨慎驾驶,锚泊船舶加强值班,做好防碰撞应急准备,及时增派警戒船加强巡逻,并在施工航道、锚地等水域驻守,及时劝离碍航渔船,避免紧迫局面发生。

(9)针对船舶在外海经常需要雾航的实际情况,应联系海事机构加大对船舶雾航管理的监管和宣贯力度,并及时增派警戒船。警戒船管理人员需提醒施工船舶在雾航时谨慎航行、加强瞭望,按操纵和避碰要求正确显示声光信号,对碰撞险情做到早发现、早协调、早处置。

7.5.7 防抗寒潮大风应急处置措施

7.5.7.1 航行前

提前部署,积极准备。及时查阅天气预报,做好气象分析,在大风浪到来之前提前部署防抗寒潮大风工作,提前固定甲板索具,调整好船舶压载,关闭水密门窗、锚链舱等。施工船舶(无动力)、空载大型船舶、客船、渔船等抗风能力较差的船舶要预先做好寒潮大风防抗准备。同时,应做好货物积载、系固和绑扎。

7.5.7.2 航行中

航行中要坚持测量压载水、污水井水位,以便及时发现货舱的异常渗漏情况。加强瞭望,谨慎驾驶,勤测船位,避免船舶发生偏航、搁浅、触礁事故,避让时应充分考虑船舶在大风浪中操纵困难因素,及早采取避让措施,并应尽量避免在大风浪中调头。调整航速、航向,避免谐摇。大风浪中航行,当船舶横摇周期与波浪周期接近相等时会产生谐摇现象。航行中,应适当调整航向、航速,以避免谐摇。航行中船头受浪,当纵摇周期等于波浪周期时,强烈的纵摇会使甲板大量上浪并造成拍底现象,应采取滞航以减少激烈的纵摇。

7.5.7.3 靠离泊

进行靠离泊作业应选择适当的时机,尽可能选择缓流时段,避开潮水急涨急落时段。充分考虑浅水对船舶操纵的影响,船舶在港内航行时,若出现浅水效应,船舶运动特性会发生较大变化,应注意控制航速避免船体触底。装卸货过程中要密切关注气象海况和船舶周边情况,及时调整缆绳,保持均衡受力。

7.5.8 防台应急措施

为加强台风季节施工区域安全监督管理,应统一组织部署和指挥防台抗台工作,保障作业人员生命安全和船舶设施安全。施工单位应根据相关的法律法规及相关操作规则,结合工程台风季节实际情况,编制完成《防台应急预案》,建立防台指挥机构,并严格遵守《防台应急预案》。

台风来临时,根据防台预案进行应急响应,施工人员跟随施工船舶撤离施工现场一起避风,现场不留人。

船舶防风,指挥由船长负责,当船舶在接到防抗热带气旋预案启动命令时,各船船长和轮机长要做好以下工作。

7.5.8.1 防风前准备工作

(1)收到大风预报,启动防风应急措施期间,禁止拆卸船机设备。

(2)将防风锚做收放试验,检验锚机,保证随时可用,并将所用的各种缆绳、卸扣准备好;如确定用拖轮拖,还需备好龙须缆。

(3)逃生通道检查,确保无杂物堆放,阻塞,保证畅通。

(4)做好封舱工作,一切能进水的管、门、孔,都应保持水密,同时保持排水系统良好,抽水机、管系、阀门有效,保证污水沟、排水阀、孔等畅通无阻。

(5)检查通信设备、导航设备、机电设备、舵设备、锚设备、救生设备、消防设备、堵漏器材是否完好,发现问题及时排除,不留隐患。

(6)组织全体在船人员举行消防、救生、堵漏演习,同时记录在案。

（7）备妥抛绳器两套（没配备此设备的船准备撇缆两根）。

（8）对于甲板、机舱内的活动部件，应绑扎牢固，防止船舶晃动较大时移动。

（9）检查通信设备是否正常、无误，手持高频电话要充足电，保证防风时使用。

（10）备足食品、淡水及医药用品，轮机部应检查燃料配备情况、应急电源是否正常。

（11）露天甲板，左右两舷以及人员必经之道，装好扶手绳索，根据情况铺设草垫、麻袋等防滑物品。

（12）配套锚艇负责协助主船做好防风措施，并在此期间做好本船的防风工作。

7.5.8.2　防风过程中重点工作

（1）值班驾驶员密切注意锚链（缆）松紧度、方向，每半小时查看一次，锚设备要做到抛得出、收得回、刹得住、系得牢。

（2）随时注意船位变化，采取各种手段进行定位，判断是否走锚，同时密切注意周边船舶距离的变化情况。

（3）注意观察风向、风力、潮流等变化及可能对船舶造成的影响。

（4）注意观察周围下锚船的情况，防止他船走锚对本船造成危险。

（5）在防抗热带气旋过程中，还应做好以下工作：

①主发电机不得停车，甲板机械随时可用，号灯号型，悬挂正确无误。

②派专人探测全船各舱底，以防船舶剧烈振动造成船体渗漏。

第8章 海上风电营运期通航安全保障技术

为保障海上风电场正常运营,风电场在建成后,需进行日常维护及保养作业,并按照有关要求配布相应的导助航安全设施和监控设施。对风电场运维模式、设备选择及安全保障设施配备标准进行研究,能够有效保证运维期风电场及船舶设备安全,提升运维效率,对风电场运维管理具有重要的指导意义。

作为最早进行海上风电场开发的国家,英国、荷兰等国已经在海上风电场运维期管理、运维设备选择、风电场导助航及监控设施布设等方面积累了较为丰富的经验,并出台了一系列规范和标准。目前,我国已就风电场安全运维管理出台了相应标准,但针对风电场运维期通航安全管理的具体技术要求仍有待进一步细化。基于以上分析,本章主要针对海上风电场运维期的运维管理模式、相应设备配备、通航安全保障及应急响应措施等内容展开相关研究,并制定具体的规范性建议。

8.1 风电场区域划定及海事监管

在海上风电场建成后,业主单位应根据要求申请划定风机的安全保护区域,并将风电场保护区划定方案及海上风电场风机、升压站、电缆等位置信息上报有关主管部门。在获得主管机关批准后,业主单位应通过有效方式向社会公布所划定的风电场安全保护水域,以保证风电场运维期场区工作船的安全运行,同时降低风电场对附近水域船舶通航的影响。

8.1.1 风电场运维期安全区域划定

目前不同国家对风电场运维期的安全区域划定要求各不相同,其中最具代表性的几个国家有英国、荷兰和德国等。

(1)英国对海上风电场运维期间的安全区域划定标准要求最为宽松,根据相应规范要求,该国建成的风电场在投入运营后,一般不需设立风电场安全保护区,但必须及时向外界公布风电场布置及海底电缆走向信息。特殊情况,当风电场内个别风机对通航环境造成较大影响时,主管当局会依据业主申请,经评估后划定风机周围50m水域作为风机保护区域。

(2)荷兰统一要求建成后的风电场将风机周围50m范围内的水域作为风机的安全保护区域,如风电场区存在海上升压站,则应将升压站周围750m以内的区域作为海上升压站安全保护区。在风电场区内,除安全保护区以外的其他水域将允许长度小于24m的船舶自由进出。

(3)德国对海上风电场安全区域的划定要求最为严格,根据要求,德国所有建成后的风电场均为封闭式水域,风机及升压站附近500m以内均为保护区域,任何船舶在未经允许的情况下禁止驶入风电场区。

借鉴国外目前海上风电场安全区域划定方法,同时结合我国已建成海上风电场的相关管理经验,建成后的海上风电场安全区域可设置为风机附近 50m 水域及海上升压站周围500m 水域。

8.1.2　风电场防撞安全设施配备

考虑到过往船只及运维船舶,可能会与风机发生碰撞,通常风机所能承受撞击能力的上限为 500 吨级左右,当过往船舶与风机发生碰撞时,风机结构本身的强度将难以承受过往船舶的高速撞击。为最大限度减轻船舶与风机的碰撞后果,同时降低船舶与风机的碰撞风险,风电场应根据周边通航情况布设相应的防撞设备。防撞设施的布设应充分考虑场区附近水域的航道条件及可航水域分布情况,通过综合考虑碰撞风险大小及附近交通流特征等因素,最终确定风机所需设置的防撞标准,如图 8-1 所示。

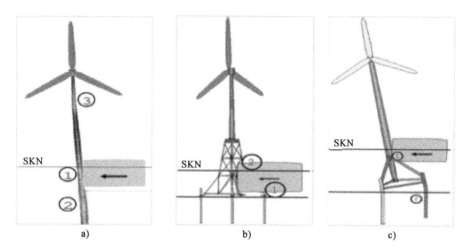

图 8-1　不同类型风机承受船舶碰撞示意图

当前国外已对三种不同结构风机分别进行了不同的碰撞仿真试验,其结果表明:单桩施工风机发生船舶迎面碰撞事故的概率明显低于平台式和三脚架式风机,其中三脚架式风机在碰撞中倒塌的概率最高。

一般而言,为减缓运维船在靠泊风机过程中的缓冲力,需在风机的运维船靠泊部位设置相应的防撞垫。为防止大型船舶与风机发生碰撞,可采用分离式防撞桩及钢套箱结构等防撞设施,该防撞设施应委托相关单位专门设计,除此之外,还需在风机设备附近布置独立的防撞设备,并按照有关要求在防撞设备上布设相应的灯号和警示标志。

8.1.3　风电场运维期水域公告

在海上风电场建设完成后,业主单位应使用多种方式对风电场安全保护区域进行公告,通常包括及时申请发布航海通(警)告,更新海图和其他航海图书资料等。

8.1.3.1　航海通(警)告

航海通(警)告应包括下列内容:

(1)风机和海上升压站坐标信息。

(2)风机尺度,包括风机水面以上高度、叶片长度等。

(3)风机之间的距离。

(4)风电场安全保护区域范围及其限制要求。

(5)导助航标志的详细情况。

(6)风电场专用水域范围坐标。

8.1.3.2 海图更新

海图更新时需标注下列内容：

(1)每个风机的位置、海上升压站位置,风机采用图式"·"标注,注明"Wind turbine"。

(2)每个风机的排他水域范围(风机外围50m区域),采用虚线标注。

(3)风电场专用水域范围,采用黑色虚线沿风电场边线进行标注。

(4)海底电缆路由、埋深及其保护区范围等信息。

8.2 海上风电场导助航设施配置

8.2.1 风电场运维期警示助航标识种类

可用于海上风电场助航标识及警示的设施主要包括海上航标(包括 AIS 虚拟航标)、雷达应答器、声响信号及发光带等。

(1)海上航标,主要指可以帮助引导船舶航行与定位、标示碍航物位置及发布警告的人工标志,包括浮筒、浮标、浮船等传统航标和 AIS 虚拟航标等。根据不同航标的实际功能,海上航标亦可分为警戒航标与导助航航标两种类型。目前我国出台的与海上航标布设相关的标准主要有：

①《中国海区水上助航标志》(GB 4696—2016)；

②《航标灯光信号颜色》(GB 12708—1991)；

③《航标灯光强测量和灯光射程计算》(JT/T 730—2008)；

④《浮标通用技术条件》(JT/T 7004—2009)。

(2)雷达辅助增强设备,包括雷达应答器及雷达反射器等。雷达应答器(Radar Responder),又称雷达信标(Radar Beacon)和雷康(RACON),是一种在接收到雷达信号后可以发射出特定编码信号的导航装置,其能够提供雷达目标的距离及方位信息,通常配合海上航标一起使用,从而增加物标被雷达探测到的概率。

(3)雾笛、雾号等通过声响进行警示的设备。在能见度不良的情况下,使用雾笛可以提高海上风电场水域船舶航行和作业的安全性。当风电场周围的大气能见度小于2n mile 时,主雾笛将自动启动发声,且可以保证在任何方向上的通用听程不小于2n mile。此外,风电场内还应装有备用的雾笛系统,该系统的发声器在任何方向上的通用听程应不小于0.5n mile,当主雾笛失效时,备用雾笛应可以自动启动。

(4)高音喇叭。该设备布设的主要目的是用于远距离语音警告和噪声驱散靠近风电场的目标。该设备声音传播定向性强,对周边无关区域影响很小。风机塔筒上装设该设备后,当智能视频监控系统检测到有船舶驶近风电场时,设备将自动启动并对靠近船舶进行警告和劝离。

(5)其他能用于海上风电场警示标识的相关措施,如增设反光带、发光带、增加风机设备警示颜色等。

8.2.2 风电场运维期警示助航标识布设要求

目前我国及其他国家在布设助航标志时基本均参照国际航标协会(The International of Marine Aids to Navigation and Lighthouse Authorities,IALA)所发布的《沿海人工海上建筑航标布设建议》(Recommendation on the Marking of Man-Made Offshore Structures)的相关要求进行航标布设。

通常而言,航标布设主要分为风电场航标布设及风机警示标志布设两部分。根据《沿海人工海上建筑航标布设建议》的要求,风电场内导助航设施布设建议如下:

(1)单个风机标识建议。

在每一台风机的最高天文潮面以上15m处或助航标志安装位置(取大者)的圆周涂黄色。

每一台风机应在夜间闪烁莫尔斯信号C的一个或多个白光,且要求该灯光在任何方向均可见。

风机助航标志的位置应设置于风机叶片旋转弧线最低点以下,且在最高天文潮面以上不小于6m的位置。

此外,建议在每一台风机的机身上标明风电场内允许通过渔船的吨位大小和水面以上高度,要求该标识不受风机叶片旋转的影响,应保证在任何方向任何时段均清晰可见。

所有风机所配备信号标志的有效率应不小于99%。

(2)风电场区航标及警戒标识布设建议。

对于整个海上风电场,其警示标识主要由重要外围构造、风电场区外围中间风机和单个风机标志组成。重要外围构造(Significant Peripheral Structure,SPS),指位于风电场区拐角处或在风电场外围其他特殊位置的风机,其上部标识均要求在任何方向上的光可见性,且应与国际航标协会的"特殊标志"特征一致,闪黄色光,覆盖半径不小于5n mile。同时要求风电场区的每个SPS显示同步的闪光特征,且每个SPS之间的距离宜小于3n mile,如图8-2所示。

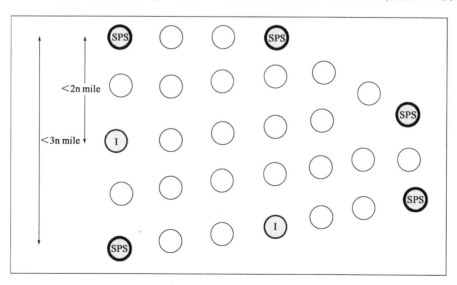

图8-2 风电场警示标识布设示意图

风电场区外围中间风机(Intermediate Structures,IS)也应闪烁黄色光标,并且应保证在风机周围水域任何方向均可见,这些风机上的闪光特征应该与SPS闪光特性有明显不同,其灯光覆盖半径应不小于2n mile;相邻IS风机间以及IS与SPS之间的距离不宜大于2n mile。除上述SPS和IS所描述相关要求外,在风电场区警示标志布设过程中还应考虑以下内容:

①所布设灯光可照亮外围风机;

②所布设灯光可照亮场区内的所有风机;

③安装雷达应答器;

④安装雷达反射器和/或雷达目标增强设备;

⑤安装AIS设备,包括具有虚拟航标功能的AIS设备。

⑥在未设灯光的风机上设置反光面或光带;

⑦在风机上设置向下照射爬梯或登离平台的照明灯;

⑧使用射程不小于2n mile的黄色闪光灯;

⑨对每个风机进行编号。

我国沿海雾天较多,而灯带发出的光线具有很强穿透性,能够对航行于风机附近的船舶起到一定的警戒作用,从而避免船舶误入海上风电场的情况发生。如果条件允许,还可以同步安装声波信号装置,以供能见度不良天气情况下使用,声信装置的作用半径应不小于2n mile。

风电场还应根据附近航路的分布情况布设相应的导助航标识,在导助航标志的选择过程中,可考虑使用固定标与浮标系统相结合的方式,融合视觉(包括形状、颜色、灯光、灯质等多方式)、听觉和无线电系统的优势。

8.3 海上风电水域现场监测监控技术

8.3.1 风电场业主对场区内监控设备配备建议

风电场业主单位应根据要求在风电场内部布设场内监控设备,主要包括:

(1)CCTV监控设备。

CCTV监控设备是指安装在风电场内关键风机上可进行远程遥控的摄像设备。通过使用CCTV监控设备,值班人员可以在任意时刻了解风电场内部及附近水域的实时情况。CCTV系统主要由前端设备、海上升压站内控制站(分控站)、陆上集控中心控制室内控制站(远程主控制站)、单模光缆、视频电缆、控制和电源电缆(线)等组成。

安装于风电场的CCTV系统应保证可在任何条件下提供实时高清的现场画面,并通过相应的传输方式将画面传输至陆上集控中心。此外,系统还应具备实时显示、录像和回放、电子地图显示、报警联动等功能。CCTV设备应完全覆盖场区内部所有水域,并具备摄像角度调节功能。

海上风电营运单位应在海上风电场、海上升压站的关键位置处安装CCTV监控设备,并确保其监控范围能够覆盖所有风机、升压站以及风电场附近水域。此外,CCTV监控设备应该包括白天和夜间两种模式,以确保岸上控制中心的监控人员在夜间也能够获取清晰的水域图像,如图8-3所示。

图 8-3　海上风电场 CCTV 监控(示例)

（2）电子围栏。

电子围栏作为一种新型的海上风电场监控设施,目前已在部分风电场进行试运行并取得了一定的效果。电子围栏主要包括风机平台电子围栏及风电场电子围栏两种,前者布设于风机平台入口处,用以监测是否存在人员登离风机平台设备,后者主要用于监控是否存在未经允许闯入风电场水域的船舶,一旦有船舶闯入,陆上监控人员将立即启动报警程序。

（3）集控中心。

风电场业主单位应在风电场建成后成立集控中心,并指定专门人员对风电场进行 24h 全天候监控。集控中心应包括风电场监控综合平台、用于显示 CCTV 信号的显示终端、可用于通信的应急电话及 VHF 通信设备等,如图 8-4 所示。

图 8-4　海上风电场综合监控平台(示例)

8.3.2　风电场水域海事 VTS 监控设备配备建议

8.3.2.1　VTS 雷达监控系统

场外雷达监控设备是指用于 VTS 监控的各类雷达,该设备可对海上风电场内及附近水域的船舶航行动态进行实时监控,同时能够有效识别物标、及时预警,从而保障海上风电场水域的船舶航行安全。一般用于 VTS 监控的雷达包括 S 波段和 X 波段两种波段雷达,其作用范围应能够覆盖整个海上风电场水域,同时需配备专门的 VTS 值班员负责海上风电场水域的雷达监控,如图 8-5 所示。

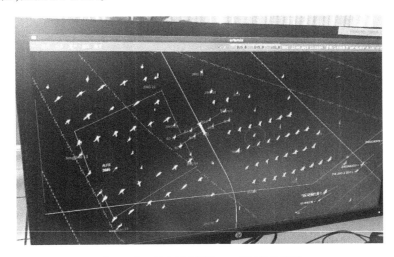

图 8-5　海上风电场水域的 VTS 雷达监控情况

8.3.2.2　AIS 陆上基站

船舶自动识别系统(Automatic Identification System,AIS)由岸基(基站)设施和船载设备共同组成。AIS 系统能够将船位、船速及航向变化率等船舶动态信息结合船名、呼号、吃水等船舶静态资料通过 VHF 向附近水域船舶及岸台进行广播,从而便于附近船舶及岸台及时掌握周边水域所有船舶的动静态信息,并能够实时互相通话协调,从而为船舶安全航行提供帮助。AIS 陆上基站如图 8-6 所示。

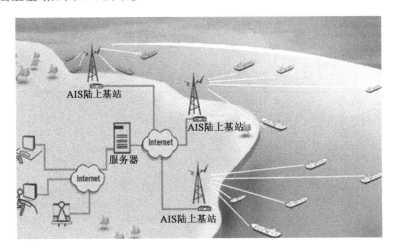

图 8-6　AIS 陆上基站示意图

AIS 基站作为接收船舶静态和动态信息的设备,是 VTS 监控海上交通的一种重要手段,一般配合 VTS 雷达共同使用。为确保岸台和附近水域内所有船舶能够及时了解海上风电场内及周边的船舶动态,AIS 基站的作用范围要求能够覆盖整个海上风电场水域。

8.3.2.3　VHF 无线电话

VHF 通信设备是实现水上近距离无线电通信的主要设备,通信距离约 20n mile,工作频段为 156M ~ 174MHz,设备如图 8-7 所示。

图 8-7　VHF 甚高频无线电通信设备

VHF 设备可以用于船舶遇险时的紧急通信和日常业务通信,同时也是搜救作业、船舶间协调避让、船舶交通服务系统(VTS)的重要通信工具。当船舶误入海上风电场安全区或接近风电场时,VTS 中心和风电场运营单位监控中心的工作人员可通过 VHF 设备及时与船舶建立联系并发出警告。VHF 设备的工作距离要求能够完全覆盖所需监控的风电场水域,同时风电场业主单位应当确保在任何时候至少有一台可用 VHF 通信设备保持工作。

8.3.2.4　巡逻船

在必要时,海上风电场监管单位应配合使用海事巡逻艇进行现场巡航。同时,海上风电场营运单位也应定期派出巡逻船在风电场水域进行巡航,检查设备及水域内有无安全隐患。

随着海上风电场安全监管技术的不断发展,诸多新的技术和手段将被逐渐应用于海上风电场的安全监控,如使用无人机、无人艇设备进行风电场日常巡航等,从而进一步丰富了海上风电场安全监管手段,大大提高了风电场的安全监管效率。

8.4　海上风电场水域渔船及小型船舶安全管理

8.4.1　对渔船及小型船舶通航的影响

海上风电场通常建设于水深较浅海域,场区内风机间距在 300 ~ 800m,能够满足渔船、渡船、游艇等小型船舶的通行需求。同时根据相关研究,在风电场建成后将会形成岛礁效应,从而增加场内鱼类资源,在客观上也将进一步诱使渔船驶入场区进行捕捞作业,因此,风电场建成后极有可能存在渔船、渡船及其他小型船舶从风电场内穿行的情况,如图 8-8、图 8-9所示。

渔船及小型船舶在风电场区穿行时的主要风险包括:

(1)风机会对雷达信号产生一定遮挡,导致风电场内部小型船舶雷达信号丢失或产生错误回波,尤其是与风机距离较近时,这种影响将会更加明显。

(2)在风电场内作业及穿行的渔船存在碰撞风机及其他场内设施的风险,渔船在风电场内进行捕捞活动或锚泊时还可能损坏场内海底电缆。

(3)部分小型渔船并未配备 AIS 设备,对于这些船舶将难以监督其是否遵守水上交通安全管理规定,海事监管部门也无法及时掌握场区附近其他船舶的实时动态,安全监管难度较大。

图 8-8　某海上电场附近水域活动的客渡船

图 8-9　正在某风电场水域进行捕鱼作业的小型渔船

8.4.2　对渔船及小型船舶通航的安全保障措施

为保障风电场安全运营,同时降低渔船及小型船舶与风机碰撞的风险,可对风电场进行封闭式管理,除运维作业船舶外,任何船舶不得穿越场区或在场区内停留作业。如允许小型船舶穿越风电场,则应采取以下安全保障措施:

(1)对允许驶入风电场水域的船舶设立相应标准,标准中应对船舶长度、吃水及作业性质等进行明确要求。

(2)可在风电场内部划定小型船舶走廊,走廊水域宽度应满足船舶过往要求,并可根据需要在走廊两侧布设相应防撞设施。

(3)穿越风电场的小型船舶应在规划线路前确保了解场内风机布设情况,并将风电场内风机位置、海底电缆走向明确标注在海图上,在穿越期间要随时核对船位以避免船舶偏航。

(4)严禁任何船舶在风电场水域内淌航,在恶劣天气及能见度不良情况下,船舶不应穿越风电场。

(5)除使用曳绳吊进行捕鱼作业的船舶外,其他作业方式的渔船不应在风电场区内部进行捕鱼作业。

8.5　海上风电场运维管理模式及设备配置

8.5.1　海上风电作业运维管理模式选择

目前海上作业运维管理模式可归纳为四种,分别为项目独立运维模式、运维托管模式、海上运维中心模式和运维中心(港口/船)+高速交通模式,各种运维模式的对比分析如表 8-1 所示。

运维管理模式对比分析　　　　　　　　　　　　　　　　　　　　　表 8-1

运维管理模式	优　　点	缺　　点	适　用　情　况
项目独立运维模式	运维人员责任意识更高,能够确保风电运维频率	运维成本高,人员需要培训	超大型海上风电场、同一业主多个海上风电场集中在一定区域内的情况
运维托管模式	降低风电场运营成本,运维人员技术能够得到保障,易于海事监管	运维信息更新较慢	同一水域内分布多个风电场
海上运维中心模式	缩短运维时间,降低海上电力传输和运维作业成本,便于保证运维船舶、人员作业安全	海上风电场营运成本很高	存在大量远海水域的情况下,运用该模式进行海上风电场运维才具有相当优势
运维中心+高速交通模式	运维效率高、节约运维路程时间	人员运输成本及设备成本较高	海上风电场的发展已成一定规模、远海风电场

以上四种模式各有利弊,目前我国风电场运维多采用传统独立运维模式,但后期当风电场建设发展到一定规模后,运维托管模式带来的低成本优势将显著突出,另外两种运维管理模式也正在逐步摸索过程之中。

8.5.2　海上风电运维船舶管理

制定的运维船安全管理制度既有利于海上风电场水域的通航安全监管,也能够促进海上风电场的高效运行。目前我国海上风电业主单位和营运单位一般通过社会租赁渔船、交通艇的方式进行海上风电场维护作业,专业运维船舶较少。因此,对于运维船及交通船的安全管理尤为重要。

海上风电运维船舶主要包括普通运维船、专业双体运维船、运维母船、居住船和自升式运维船。

(1)普通运维船泛指用于海上风电工程或运维的交通艇,航速较低,普通舵桨推进,耐波性差,靠泊能力差。

(2)双体运维船是指用于海上风电工程或运维的专业船舶,稳性好、靠泊能力强、抗风浪强,可作为日常运维船,也可作为交通船或应急救生船。专业双体运维船建造和运营成本低,适合离岸距离 10~20n mile 内的近海风电场运维使用,高速专业双体运维船适合离岸

20n mile 以上的海上风电场运维,航速较快,但是建造与运营成本略高。小型风电运维船如图 8-10 所示。

图 8-10 小型风电运维船

(3)运维母船指用于远海海上风电运维,能够供人员住宿,同时可存放备件的较大型船舶。该类船舶一般具备一个月以上自持力,靠泊能力优异,具备动力定位及补偿悬梯传送人员功能,安全性高,但是建造与运营成本很高,目前在国外海上风电场运维中也鲜有应用,暂不适用我国海上风电运维市场,如图 8-11 所示。

图 8-11 专业大型风电运维母船

(4)自升式运维船主要用于海上风电运维中大部件更换作业,具备一定的起重能力,拥有自升式平台,能在水深 40m 以内大多数海域进行作业,具备动力定位及较长的自持能力。

当前国外已拥有专门从事运维作业的船艇,其专业性能强,但投资成本大。目前,我国已建风电场运维主要采用船舶租赁模式,对运维船条件及等级并无相应的法律规范或强制性要求。为保障海上作业人员与船舶安全,从事运维作业的船艇应符合下述要求。

1)基本要求

(1)经海事管理机构认可的船舶检验机构依法检验并持有合格的船舶检验证书。

(2)经海事管理机构依法登记并持有船舶相关证书和资料,见表 8-2。

船舶证书和资料一览表　　　　　　　　　　　　　　　　表 8-2

序　　号	证书资料名称	序　　号	证书资料名称
1	船舶证书	10	主副机说明书
2	船上油污应急计划	11	机舱设备图
3	船舶垃圾管理计划	12	中国沿海航路图集
4	船舶稳性资料	13	中国海区海图
5	船舶干弦计算书	14	潮汐表(本年度)
6	船舶吨位计算书	15	灯塔表
7	总布置图	16	航路指南(含补篇)
8	防火控制图	17	航海通告
9	船舶技术图纸	18	训练手册

(3)配备符合最低安全配员证书规定数量的适任船员。

(4)配备施工海域必要的航行资料。

(5)具备施工人员上下的安全设施。

(6)配备必要的满足运维实际需求的救生设备。

(7)配备完善的消防设备及医疗用品。

(8)配备 GPS、AIS、雷达、VHF 等有效导航通信仪器。

2)交通船要求

(1)取得主管机关认可的交通船舶证书。

(2)船舶最大载客不得超过 12 人。

(3)具有满足安全规范要求的人员登离保护设施。

(4)具有靠泊安全防护设施。

3)运维船要求

(1)运维船舶及维护作业船舶应能适合于在工程水域开展维护工作。

(2)应具备一定的人员登离保护设施。

(3)应具备侧推等动力装置。

(4)靠泊防护设施应满足顶靠需要。

(5)维护作业期间运维船舶应按规定显示相应的号灯号型或警示标志。

风电场业主单位应切实履行对运维船舶的管理职责,严格遵守运维船舶航行安全管理要求,主要包括:

(1)严格履行运维船舶安全检查制度,不使用不适航、不适运、证照不齐、人员配员不足的社会船舶。

(2)运维作业负责人应该与船长和船舶经营人协商,共同制定作业人员和访问人员的安全管理细则、船舶航速限制和作业环境限制标准。

(3)严格执行船舶安全检查制度,定期对船上安全及设备情况进行检查,对发现的安全隐患应立刻要求船上人员进行整改。

海上风电场运营期安全监管应坚持落实企业安全生产主体责任,同时海事部门应进行相应的监督检查,检查主要内容包括:

（1）建设及运维单位安全管理体系制定及运行情况。

（2）建设及运维单位相关运维方案、应急预案编订和落实情况。

（3）建设及运维单位日常监督检查记录情况。

（4）运维船舶日常动态管理（船舶、人员出海登记等）情况。

（5）运维人员持证及日常管理情况。

（6）是否安排专人专职从事海上风电设施的维护和保养；是否定期组织海上安全知识培训及应急演练。

除上述内容外，海事部门应结合巡航执法要求，不定期对海上风电场运维过程进行抽查。

8.5.3 海上风电运维作业人员管理和适任要求

涉及运维作业的人员可以分为三类：船员、作业人员及参观人员，海上风电场管理单位应建立相应的运维作业相关人员安全管理制度。

8.5.3.1 船员适任要求

（1）运维船舶配有主管机关签发的《船舶最低安全配员证书》，船舶配员应符合船舶最低安全配员标准，且所有船上船员应持有与其所服务的船舶航区、船舶种类、等级或主机类别及所担任职务相符的有效适任证书。

（2）所有船员受过运维作业安全的专业培训，在任何情况下，应保证船上至少拥有一名船员能够接替船长进行船舶驾驶。

（3）所有船员应持有有效的包括救生、消防、个人急救及医疗方面的培训合格证书，从事施工运维设备的操作人员还应该取得相应适任资格。

（4）船舶驾驶员应熟悉风电场水域通航环境，及时关注有关风电场及其附近水域气象、海况、航行通（警）告等信息。

另外，为确保船上工作和驾驶人员的工作状态，船舶经营人还应确保：

（1）船上配有充足的适任船员，避免船员超时工作。

（2）船长应严格监督船员对于药品和酒精的使用情况，对于可能受到影响的船员不允许进行海上作业。

8.5.3.2 运维作业人员安全培训要求

（1）风电场业主单位或运营管理部门应为所有运维作业人员提供相应的海上作业安全培训，包括接受海上风机救援救助、风机防火意识培训、风机人工控制与处理、风机高空作业人员安全培训和海上医疗救助等，确保所有作业人员具备相应作业技能。

（2）运维人员持证上岗，风电场运维中存在特种作业，每种作业均需有特定的操作规程及运行检修程序，从事特种作业的人员必需持证上岗，充分了解相关岗位的危险有害因素及预防措施。

（3）海上风电从业人员应具备登高作业及水上运维作业所需的基本身体条件和心理素质。

8.5.3.3 风电场临时参观人员安全管理

参观人员应该具备基本的身体条件及心理素质，年龄不宜超过55岁，在出海前应该参加风电企业组织的出海前安全教育，了解海上基本安全知识，在出海期间，海上风电业主单位应该安排经验丰富的船员陪同。

8.5.3.4　风电场人员管理其他要求

海上风电场运营单位应该建立运维人员统计信息库,该数据库包括所有参与运维作业的船员和作业人员的具体信息,主要包括姓名、职业、单位、联系方式以及亲属信息等,另外还应录入运维船船员、作业人员和访问人员的身份证号码和照片。在运维作业开始之前,以上信息应提供给现场管理人员进行审查。

此外,船员和作业人员应该实时关注有关风电场及其附近水域气象、海况、航行通(警)告等,了解海上风电运维方案及海上运维作业应急预案。

8.6　海上风电场运营期间应急保障措施

海上风电场的运行维护是海上风电场营运期的主要工作,重点涉及风机、海上升压站的检查维修以及海底电缆的防护等内容。针对在运维过程中可能会出现的风险,相关单位应结合海上风电场水域周围的应急资源状况、水域特点及危险种类,针对性地制定应急预案,确保船舶通航安全。同时需要加强预警、组织、协调及指挥能力和各类遇险情况下的应急处置能力,提高搜救效率,切实做好遇险救助工作。

8.6.1　人员伤亡、落水的事故应急措施

船员、工作人员、访问人员登离交通艇、运维船和风机时,可能导致人员落水的情况发生。如果出现人员落水的情况,应该遵从以下应急措施:

(1)当发现有人落水,发现人应立即大声呼叫"有人落水",并就近获取救生圈或其他有效浮具抛给落水人员,并注意跟踪瞭望。

(2)船舶和海上设施值班人员核实情况,并立即发出人落水警报,相关人员按"应急部署表"积极组织施救,释放救生艇、准备必要器材,夜间应开启水面照明设备。

(3)出现人员落水情况,应立即将有关情况向主管机关的交管中心进行报告,以便组织施救和通告其他航行船舶。

(4)有关人员得到信息后需迅速赶赴出事现场,组织调动现场附近的船舶、设施参加搜救,必要时可调集其他船舶增加救援力量。

(5)结合潮汐、风向等自然条件影响,扩大搜救范围;当发现落水者时,应从下风流方向缓速接近落水者。

(6)冬季需做好防冻保暖工作,必要时进行紧急抢救,对受伤人员进行应急包扎,准备好毛毯、热水,或及时转移到机舱取暖处等。

(7)组织交通接送,及时转移、救治落水受伤人员,并通知附近陆上救助人员准备救护车辆。

(8)必要时申请直升机救助等。

8.6.2　海上升压站和风机着火应急措施

海上风机和升压站是海上风电场的核心结构,由于其设备布置密集、易燃易爆点多、受控范围远、受环境影响较大、火灾,危险性大等特点,一旦发生火灾,可能会造成巨大的经济损失和社会影响。为了确保升压站和风机发生火灾时能够及时有效地扑灭,从而降低经济

损失,海上风电运营单位应制定相应的应急预案。

(1)应按照国家及行业标准在海上升压站和风机上配置固定灭火器和自动消防灭火设施,并定期进行维护保养和检验,保证消防设备和设施的性能完好。

(2)其他通用救援物资(应急照明灯具、正压式呼吸器、防毒面罩、手套、备用消防器材、医疗救护器材、应急车辆等)由相关成员部门负责定点存放,并落实专人维护保养,保证应急状态时及时到位。

(3)当风机发生火灾时,工作人员应立即停机并切断电源,迅速采取灭火措施,防止火势蔓延。

(4)运营单位应立即派出应急船舶前往风电场场区,运用消防灭火设施和设备进行扑救,并通知消防人员。

(5)当火灾危及人员和设备安全时,立即安排相关抢救人员进行抢救。

(6)救火人员应做好自身防护,必须穿绝缘靴、隔热服,戴绝缘手套、正压式防毒面具,以防中毒,并禁止在有可能坍塌的地点停留。

(7)明确火灾事故影响区域,确定火灾事故警戒范围,救援人员负责警戒区与安全地带衔接处的警戒与看护,禁止无关船舶进入,必要时请求海事管理部门进行交通组织并发布航行警告。

8.6.3　风机倒塌应急措施

由于气候变暖等因素的影响,极端天气条件发生频率增加,在超强台风条件下可能发生风机倒塌事故。此外,船舶在海上风电场附近及内部航行时,若与风机相撞也可能导致风机倒塌。风机倒塌后会成为碍航物,会对过往船舶的安全航行构成威胁。因此,风电运营单位应密切关注风电场风机的安全状态,及时发现各种异常情况,特别是能见度不良和极端天气条件过后应注意核实风电场风机状态,一旦发生风机倒塌,建议采取以下措施:

(1)海上风电场运营单位和业主单位立即向海事部门报告风机倒塌情况,倒塌时间、风机编号及其所占水域位置等情况。

(2)海上风电场运营单位和业主单位应立即请求海事管理部门发布航行通(警)告。

(3)海事监管机构、海上风电场运营单位、业主单位应立即安排警戒船只在附近水域警戒,加强与过往船舶的联系,提醒过往船舶避开碍航水域。

(4)海上风电场运营单位和业主单位应在倒塌风机水域的适当位置设置警示标志。

(5)海事监管机构、海上风电场运营单位、业主单位应尽快消除倒塌风机碍航影响,并及时进行修复工作。

8.6.4　环境污染事故应急措施

当船舶与风机发生碰撞或风机进行维修作业时,易发生船舶溢油情况。一旦造成环境污染事故,应采取以下措施:

(1)要求船方按照《应变部署表》进行应急。

(2)采取一切有效措施控制溢油,并探明污染物的散落位置。

(3)申请岸基支援,并根据需要在溢油扩展方向布设围油栏等防护设备,在可能受污染影响的取水口及重要养殖场附近设置警戒船、围油栏。

（4）及时用吸油毡等设施清理围油栏里的污染物,遇有大量污染物出现时需及时增派清污船舶。

（5）做好污染物的打捞和取样。

8.6.5 防台应急措施

在我国沿海,台风登陆较为频繁,对沿岸海上风电场的运行影响显著,因此,海上风电场运营单位应在风电场建设前建立防台应急组织,并制定相应的防台应急措施,同时定期进行防台应急演练,确保台风来临时能够有序开展应急工作,避免人员伤亡、风机倒塌等情况发生,最大限度降低风电场运行损失。防台应急措施应至少考虑以下要求:

（1）在台风季节前,应注意落实避风锚地,了解从海上风电场通往避风港的距离、航道及拖航时间等。

（2）在台风季节,应增加天气预报接收频度,组织人员24h监控,重大情况立即报告运营管理小组领导,以便尽早决策。

（3）保持与海事主管机关的通信联系,必要时请求相关部门的支持。

（4）在预计风电场区将要达到限制等级的大风时,运维船应及时停止运维作业,并及时驶往相应的避风锚地。

（5）根据风电场所处地理位置,同时结合台风特点,进行重点监测防护。安全生产部门应对重点监测风机的防台情况进行专项检查。

（6）应全面检查风电场变电站内各设备间门窗的严密性,防止台风影响期间出现进水、漏水导致设备停电的情况发生。

（7）进行全场集电线路走廊的清理工作,对走廊附近的漂浮物进行检查、清理,认真完成线路各处电缆屏蔽线的绑扎工作,消除可能在台风期间引发各种集电线路跳闸的隐患。

（8）应全面检查各风机机舱、轮毂确无进水、漏水的可能。

（9）进行全部风机塔筒螺栓力矩的定期抽检,重点监测风机的螺栓力矩应做全检。

（10）采用电动变桨的风机应在台风季节前完成变桨刹车间隙的调整和变桨刹车力矩的检查工作,变桨刹车力矩必须达到设计要求,对已磨损不合要求的刹车片必须及时更换。液压变桨的风机必须根据日常点检分析情况对重点监测风机的液压站及传动机构进行检查,并将由于故障不能变桨或偏航的风机的叶轮在台风来临前锁住,防止发生风机失控情况。

（11）在台风季节前必须完成电动变桨风机中变桨系统性能下降和存在故障风机的变桨蓄电池、UPS电池的更换工作,确保变桨系统工作正常。

（12）必须完成各风机的超速保护、振动保护、紧急制动回路工作的相关检测,确保各类风机的刹车制动系统可以正常工作,刹车片厚度符合要求,刹车间隙调整适当,不符合技术标准的刹车盘、刹车块要及时更换。

（13）应全面检查风机状况,确保叶片无裂纹、裂缝等。

（14）应保证在台风影响前风机变桨系统、液压站系统无频发性缺陷,若存在以上缺陷必须彻底消除,保证台风期间风机变桨系统和液压站系统正常工作。

（15）应确保风机监控系统光纤连接正常,台风前风机监控系统光纤应能双环路联通,通信用UPS蓄电池的库存备品数量应保证满足事故备品定额标准的最低限额要求。

（16）在台风期间要加强远控监测,若发现风速、风向变化频繁应立即停止风机运行,同时要避免因频繁启停机组导致超速保护系统元件损坏甚至失灵,重点监测风机根据风速风向情况可及早停机。

（17）台风过后,风电场应立即组织对全场风机设备、箱变、杆塔、集电线路进行全面检查,当相关设备无异常,满足启机条件后才能将风机逐步启机并网。

参考文献

[1] 国家能源局.海上风电开发建设管理办法[Z].北京:国家能源局,2016.

[2] 国家能源局.风电发展"十三五"规划[Z].北京:国家能源局,2016.

[3] 国家能源局.全国海上风电开发建设方案(2014—2016)[Z].北京:国家能源局,2015.

[4] 交通运输部海事局.交通运输部海事局关于加强海上风电场海事安全监管的指导意见[Z].北京:交通运输部海事局,2017.

[5] 袁志涛,刘克中,余庆,等.面向海上风电工程的船舶助航系统设计与实现[J].船舶工程,2021,43(S1):156-160.

[6] 袁志涛,李键,余庆.海上风电工程施工通航安全监管体系构建研究[J].航海,2020(5):62-66.

[7] 袁志涛,刘克中,辛旭日,等.一套设置于海上风力发电机上的船舶助航装置[P].湖北省:CN211692719U,2020-10-16.

[8] 袁志涛,刘克中,陈默子,等.面向海上风电工程的雷达遮蔽区域模型构建方法[P].湖北省:CN113536609B,2021-11-25.

[9] 骆雅婷.海上风电场对航海雷达观测影响研究[D].武汉:武汉理工大学,2017.

[10] 聂园园.海上风电场水域船舶碰撞风险研究[D].武汉:武汉理工大学,2019.

[11] Mou J M,Van Der Tak C,Ligteringen H. Study on collision avoidance in busy waterways by using AIS data[J]. Ocean Engineering,2010,37(5-6):483-490.

[12] 胡雅颖,齐鸿志,朱方.基于物化视图的查询系统研究与实现[J].计算机工程与科学,2008,30(10):35-36.

[13] 郭兢.基于AIS数据的虾峙门水道船舶交通流统计与分析[D].武汉:武汉理工大学,2017.

[14] Kang L,Meng Q,Liu Q. Fundamental diagram of ship traffic in the Singapore Strait[J]. Ocean Engineering,2018,147:340-354.

[15] Zhao L,Shi G,Yang J. Ship trajectories pre-processing based on AIS data[J]. The Journal of Navigation,2018,71(5):1210-1230.

[16] Qu X,Meng Q,Suyi L. Ship collision risk assessment for the Singapore Strait[J]. Accident Analysis & Prevention,2011,43(6):2030-2036.

[17] Zhang L,Meng Q,Fwa T F. Big AIS data based spatial-temporal analyses of ship traffic in Singapore port waters[J]. Transportation Research Part E:Logistics and Transportation Review,2019.

[18] Xin X,Liu K,Yang X,et al. A simulation model for ship navigation in the "Xiazhimen" waterway based on statistical analysis of AIS data[J]. Ocean Engineering,2019,180:

279-289.

[19] Zhang J,Teixeira A P,Guedes S C,et al. Maritime Transportation Risk Assessment of Tianjin Port with Bayesian Belief Networks[J]. Risk Anal,2016,36(6):1171-1187.

[20] 张春玮,马杰,牛元森,等.基于行为特征相似度的船舶轨迹聚类方法[J].武汉理工大学学报(交通科学与工程版),2019,43(3):517-521.

[21] 肖潇,赵强,邵哲平,等.基于AIS的特定船舶会遇实况分布[J].中国航海,2014,37(3):50-53.

[22] 马杰,刘琪,张春玮,等.基于AIS的数据时空分析及船舶会遇态势提取方法[J].中国安全科学学报,2019,29(5):111-116.

[23] 王新建.基于贝叶斯网络的船舶搁浅事故致因分析[D].大连:大连海事大学,2016.

[24] 余静,蒋惠园,胡佳颖.基于贝叶斯网络的浙江沿海船舶通航风险分析[J].中国航海,2018,41(2):97-101.

[25] 乔赛雯.基于贝叶斯网络方法对干散货船舶航行事故致因分析[D].大连:大连海事大学,2017.

[26] 陈晶磊,李廷文,张金奋,等.基于共轭贝叶斯模型的长江干线江苏段碰撞事故定量分析[J].交通信息与安全,2019,37(4):52-58.

[27] Zhang D,Yan X P,Yang Z L,et al. Incorporation of formal safety assessment and Bayesian network in navigational risk estimation of the Yangtze River[J]. Reliability Engineering & System Safety,2013,118:93-105.

[28] Wang L,Yang Z. Bayesian network modelling and analysis of accident severity in waterborne transportation: A case study in China[J]. Reliability Engineering & System Safety,2018,180:277-289.

[29] 陈婷.基于惩罚似然的含潜变量贝叶斯网的结构学习[D].吉林:长春工业大学,2019.

[30] 宋财文,段霄雨.贝叶斯网络推理与学习方法研究[J].信息记录材料,2019,20(6):18-20.

[31] 李琼,杨洁,詹夏情.智慧社区项目建设的社会稳定风险评估——基于Bow-tie和贝叶斯模型的实证分析[J].上海行政学院学报,2019,20(5):89-99.

[32] 张欣,梅枝颖.基于贝叶斯网的船舶溢油应急演练绩效评价[J].船海工程,2018,47(2):104-108.

[33] 孙俊君.基于贝叶斯网的船舶碰撞致因分析[D].大连:大连海事大学,2013.

[34] 徐一帆,吕建伟,史跃东,等.基于贝叶斯学习的复杂系统研制风险演化分析[J].系统工程理论与实践,2019,39(6):1580-1590.

[35] 干伟东.基于贝叶斯网络的港口船舶溢油风险评价及应用研究[D].武汉:武汉理工大学,2013.

[36] 方泉根,王津,A. Datubo.综合安全评估(FSA)及其在船舶安全中的应用[J].中国航海,2004(1):3-7 +17.

[37] 程志鹏.FSA在锚泊安全中的应用研究[D].大连:大连海事大学,2015.

[38] 于家根,刘正江,高孝日,等.综合安全评估在客船安全中的应用分析[J].世界海运,

2018,41(4):42-48.

[39] 段爱媛.在港口水域船舶交通安全管理中综合安全评估(FSA)的应用研究[D].武汉: 华中科技大学,2006.

[40] 赵佳妮.综合安全评估(FSA)方法综述[J].航海技术,2005(2):77-78.

[41] 范诗琪,严新平,张金奋,等.水上交通事故中人为因素研究综述[J].交通信息与安全, 2017,35(2):1-8.

[42] 吴浩然.集装箱船装卸货综合安全评估[D].大连:大连海事大学,2017.

[43] 杨超.船舶综合安全评估(FSA)简介[J].科技创新与应用,2016(8):63.

[44] 江凌.福建沿海客渡船安全评估研究[D].厦门:集美大学,2014.

[45] 圣星星.危险品船舶夜间引航风险研究[D].武汉:武汉理工大学,2012.

[46] 高嫱.浅述 FSA 方法在桥梁河段通航安全中的应用[J].物流工程与管理,2010,32 (4):169-170+168.

[47] IALA Recommendation O-139 On The Marking of Man-Made Offshore Structures,Associa-tion of Internationale de Signalisation Maritime (AISM) & International Association of Ma-rine Aids to Navigation and Lighthouse Authorities (IALA),Edition 2[Z].IALA,Decem-ber,2013.

[48] Rewiew of Maritime and Offshore Regulations and Standards for Offshore Wind[Z].Danish Maritime Authority & DNV.GL,December,2015.

[49] ACPARS Work Group.Atlantic Coast Port Access Route Study Interim Report[Z].United States Coast Guard,2013.

[50] MGN 372 (M + F).Safety of Navigation:Offshore Renewable Energy Installations(OREIs)-Guidance to Mariners Operating in the Vicinity of UK OREIs[Z].Maritime Coastguard A-gency (MCA),2008.

[51] MGN 543(M + F).Safety of Navigation:Offshore Renewable Energy Installations(OREIs)-Guidance on UK Navigational Practice,Safety and Emergency Response [Z].Maritime Coastguard Agency (MCA),2016.

[52] Assessment Framework for Defining Safe Distances between Shipping Lanes and Offshore Wind Farms,The Ministry of Infrastructure and the Environment and the Ministry of Eco-nomic Affairs of the Netherlands[Z].2015.

[53] Patraiko D,Holthus P.The Shipping Industry and Marine Spatial Planning-a Professional Approach[Z].The Nautical Institute and the World Ocean Council,2013.

[54] Ellis J,Forsman B,Huffmeier J,et al.Methodology for assessing risks to ship traffic from offshore wind farms[J].Vattenfall reports. Available via Vattenfall. Accessed,2016,6.

[55] 王闻恺.海上风电工程通航风险评价及安全保障研究[D].武汉:武汉理工大学,2013.

[56] 陈肖龙.考虑通航安全因素的海上风电场场址优选研究[D].大连:大连海事大学,2017.

[57] 周鹏.宁德霞浦海上风电场规划区域与船舶习惯航路的冲突分析[D].厦门:集美大学,2019.

[58] 梁帅. 浙江海上风电场通航风险及安全防范策略研究[D]. 大连:大连海事大学,2018.

[59] 刘克中,张金奋,严新平,等. 海上风电场对航海雷达探测性能影响研究[J]. 武汉理工大学学报(交通科学与工程版),2010,34(3):561-564.

[60] 张华伟. 唐山港海上风电场通航安全风险评价与海事监管研究[D]. 大连:大连海事大学,2017.

[61] Xie L,Xue S,Zhang J,et al. A path planning approach based on multi-direction A * algorithm for ships navigating within wind farm waters[J]. Ocean Engineering,2019,184:311-322.

[62] Povel D,Bertram V,Steck M. Collision Risk Analyses For Offshore Wind Energy Installations:The Twentieth International Offshore and Polar Engineering Conference[Z]. Beijing,China:International Society of Offshore and Polar Engineers,2010,7.

[63] Bela A,LeSourne H,Buldgen L,et al. Ship collision analysis on offshore wind turbine monopile foundations[J]. Marine Structures,2017(51):220-241.

[64] Dai L,Ehlers S,Rausand M,et al. Risk of collision between service vessels and offshore wind turbines[J]. Reliability Engineering & System Safety,2013,109:18-31.

[65] Yang H S. Study on the vessel traffic safety Assessment forrouteing measures of offshore wind farm[J]. Journal of the Korean Society of Marine Environment & Safety,2014,20(2):186-192.

[66] Biehl F,Lehmann E. Collisions of ships with offshore wind turbines:calculation and risk evaluation[C]. International Conference on Offshore Mechanics and Arctic Engineering. Offshore wind energy. Springer,Berlin,Heidelberg,2006:281-304.

[67] Goerlandt F,Kujala P. On the reliability and validity of ship-ship collision risk analysis in light of different perspectives on risk[J]. Safety Science,2014(62):348-365.

[68] Ozturk U,Cicek K. Individual collision risk assessment in ship navigation:A systematic literature review[J]. Ocean Engineering,2019(180):130-143.

[69] Morris M D. Factorial sampling plans for preliminary computational experiments[J]. Technometrics,1991,33(2):161-174.

[70] Wang H,Liu J,Liu K,et al. Sensitivity analysis of traffic efficiency in restricted channel influenced by the variance of ship speed[J]. Proceedings of the Institution of Mechanical Engineers Part M-Journal of Engineering for the Maritime Environment,2018,232(2):212-224.

[71] Wang G,Wu MM,Wang H Y,et al. Sensitivity analysis of factors affecting coal and gas outburst based on a energy equilibrium model[J]. Chinese Journal of Rock Mechanics & Engineering,2015,34(2):238-248.

[72] Yu Q,Liu K,Zhang J. Risk Analysis of Ships & Offshore Wind Turbines Collision:Risk Evaluation and Case Study[C]. MARTECH 2018 Conference. 2018.

[73] 李宝岩. 可接受风险标准研究[D]. 镇江:江苏大学,2010.

[74] 高建明,王喜奎,曾明荣. 个人风险和社会风险可接受标准研究进展及启示[J]. 中国安

全生产科学技术,2007,3(3):29-34.

[75] Zhang J,TeixeiraÂ P,Guedes Soares C,et al. Quantitative assessment of collision risk influence factors in the Tianjin port[J]. Safety Science,2018(110):363-371.

[76] Presencia C E,Shafiee M. Risk analysis of maintenance ship collisions with offshore wind turbines[J]. International Journal of Sustainable Energy,2018,37(6):576-596.

[77] Aven T,Zio E. Foundational Issues in Risk Assessment and Risk Management[J]. Risk Analysis,2014,34(7):1164-1172.

[78] Goerlandt F,Montewka J. Maritime transportation risk analysis:Review and analysis in light of some foundational issues[J]. Reliability Engineering & System Safety,2015(138):115-134.

[79] Ozbas B. Safety Risk Analysis of Maritime Transportation:Review of the Literature[J]. Transportation Research Record,2013,2326(1):32-38.

[80] Ram B. Commentary on "Risk Analysis for U. S. Offshore Wind Farms:The Need for an Integrated Approach"[J]. Risk Anal,2016,36(4):641-644.

[81] 中华人民共和国国家质量监督检验检疫总局,中国国家标准化管理委员会. GB/T 32128—2015 海上风电场运行维护规程[S].北京:中国标准出版社,2015.

[82] 李晓霞,刘蕴博.海上风电场建设指南[M].武汉:湖北科学技术出版社,2016.

[83] 邱颖宁,李晔.海上风电场开发概述[M].北京:中国电力出版社,2018.

[84] 陈小海,张新刚.海上风电场施工建设[M].北京:中国电力出版社,2018.

[85] 冯延晖,陈小海.海上风电场经济性与风险评估[M].北京:中国电力出版社,2019.

索　引